"十三五"高等职业教育规划教材

ASP.NET Web 开发教程

陈 丹　谢日星　主　编
罗　炜　李志刚　副主编
程永恒　董　宁　陈　娜　参　编
杨　凡　赵丙秀　张　宇
罗保山　主　审

内 容 简 介

本书根据高职教学特点，联合软件研发公司项目团队，把实际项目转换为教学案例，围绕着 ASP.NET Web 开发的关键技术展开，以实际应用为主线进行讲解，主要包括多层系统架构、ASP.NET 入门、页面技术、内置对象、母版技术、服务器控件、ADO.NET 数据库访问技术、身份验证与授权、样式与主题、站点导航、系统部署等。在完成技术学习的同时，训练工程化项目实践工作习惯，提高软件技术的学习能力，完成可实际应用的项目。

本书适合作为高职高专院校的 ASP.NET Web 开发课程的教材，也可作为各种成人教育和计算机培训的教材，还可作为自学者的参考用书。

图书在版编目（CIP）数据

ASP.NET Web 开发教程 / 陈丹，谢日星主编. —北京：
中国铁道出版社，2018.6
"十三五"高等职业教育规划教材
ISBN 978-7-113-24395-1

Ⅰ.①A… Ⅱ.①陈… ②谢… Ⅲ.①网页制作工具－程序设计－高等职业教育－教材 Ⅳ.①TP393.092

中国版本图书馆 CIP 数据核字（2018）第 068055 号

书　　名：	ASP.NET Web 开发教程
作　　者：	陈 丹　谢日星　主编
策　　划：	徐海英　　　　　　　　　读者热线：（010）63550836
责任编辑：	翟玉峰　卢 笛
封面设计：	刘　颖
责任校对：	张玉华
责任印制：	郭向伟

出版发行：中国铁道出版社（100054，北京市西城区右安门西街 8 号）
网　　址：http://www.tdpress.com/51eds/
印　　刷：河北省三河市燕山印刷有限公司
版　　次：2018 年 6 月第 1 版　　2018 年 6 月第 1 次印刷
开　　本：787mm×1092mm　1/16　印张：14　字数：337 千
印　　数：1～2 000 册
书　　号：ISBN 978-7-113-24395-1
定　　价：37.00 元

版权所有　侵权必究

凡购买铁道版图书，如有印制质量问题，请与本社教材图书营销部联系调换。电话：（010）63550836
打击盗版举报电话：（010）51873659

前言

ASP.NET 技术发展已有十多年，相关的开发技术、控件、工具已非常成熟与丰富，相关应用的数量也日益增多，市场占有率不断提高，已成为高职院校软件技术专业必修的关键性技术之一。

本书针对全国示范性软件职业学院特点，采用"教、学、做一体化"教学方法，为培养高端应用型人才，提供适合的教学与训练教材。本书以实际项目转化的案例为主线，按"学做合一"的指导思想，引入 CDIO 工程教育方法，在完成技术讲解的同时，对读者提出相应的自学要求和指导。读者在学习本书的过程中，不仅能完成快速入门的基本技术学习，而且能按工程化实践要求进行项目的开发，完成相应功能的实现。

本书编者有着多年的实际项目开发经验，并有着丰富的高职教育教学经验，完成了多轮次、多类型的教育教学改革与研究工作。本书编写过程中，得到武汉光谷信息技术有限公司教授级高工姜益民博士的直接参与及大力指导。

本书主要特点如下：

1. 实际项目开发与理论教学紧密结合

为了使读者能快速地掌握相关技术并按实际项目开发要求熟练运用，在各个章节重要知识点后面都根据实际项目完成相关实训。

2. 合理有效地组织教学实施的内容

本书按照由浅入深的顺序，在系统功能逐渐丰富的同时，引入相关技术与知识，实现技术讲解与训练合二为一，方便施行"教、学、做一体化教学"。

3. 实训内容充实、实用

本书的训练紧紧围绕着实际项目进行，各章完成技术准备后，为完成系统中功能设计和实现建立良好的环境，最后为完整的系统设计和实现准备做出指导，并完成详细工作。

为方便读者使用，书中全部实例的源代码及电子教案均免费赠送给读者。

本书由陈丹、谢日星担任主编，罗炜、李志刚担任副主编，罗保山主审，程永恒、董宁、陈娜、杨凡、赵丙秀、张宇参与编写。具体分工如下：陈丹编写第 1、3、7 章，谢日星编写第 5、9、11 章，罗炜编写第 8 章，李志刚编写第 2、4、6 章，陈娜、赵丙秀编写第 10 章，程永恒、董宁参与程序项目编写，张宇、杨凡负责校对工作。全书由陈丹、谢日星统稿。

由于时间仓促，加之编者水平有限，书中不妥或疏漏之处在所难免，殷切希望广大读者批评指正。同时，恳请读者一旦发现错误，于百忙之中及时与编者联系，以便尽快更正，编者将不胜感激。联系 E-mail：cd163163@163.com。

编　者
2018 年 1 月

目 录

第1章 创建客户关系管理系统——多层架构技术基础 1

1.1 采用多层架构技术创建客户关系管理系统 1
    1.1.1 什么是多层架构 1
    1.1.2 多层架构技术简介 1
1.2 创建 Web 应用解决方案 2
    1.2.1 Web 应用概述 3
    1.2.2 创建 Web 网站 3
    1.2.3 Web 浏览器和服务器 6
1.3 建立多层架构 Web 应用系统 7
小结 14
作业 15
实训1——创建多层架构客户关系管理系统 15

第2章 ASP.NET Web 表单——使用 Web 控件设计页面 16

2.1 创建并设计"添加销售机会"页面设计 16
2.2 ASP.NET 4 的工作模型 16
    2.2.1 生命周期事件和 Global.asax 文件 17
    2.2.2 ASP.NET 4 的 Page 指令 19
2.3 Web 服务器控件 19
    2.3.1 HTML 服务器控件与 Web 服务器控件 19
    2.3.2 Web 服务器控件的事件模型 23
2.4 基本 Web 控件使用 24
    2.4.1 标签控件（Label）...... 24
    2.4.2 超链接控件（HyperLink）...... 25
    2.4.3 图像控件（Image）...... 26
    2.4.4 文本框控件（TextBox）...... 27
    2.4.5 按钮控件（Button, LinkButton, ImageButton）...... 29
    2.4.6 单选控件和单选组控件（RadioButton 和 RadioButtonList）...... 32
    2.4.7 复选框控件和复选组控件（CheckBox 和 CheckBoxList）...... 35
    2.4.8 列表控件（ListBox）...... 38
    2.4.9 下拉列表控件（DropDownList）...... 42
2.5 设计页面 44
    2.5.1 创建添加销售机会功能页面 44
    2.5.2 设计添加销售机会页面 44
    2.5.3 启动添加销售机会功能 45
小结 46
作业 46
实训2——实现营销管理模块中的 Web 页面 46

第3章 母版页和站点导航——统一设计系统的页面风格 48

3.1 使用母版页技术统一客户关系管理系统的页面风格 48

3.1.1 什么是母版页 48
3.1.2 为什么要统一页面风格 48
3.2 应用 Master 页面实现统一页面布局 49
3.2.1 Master 页面基础 49
3.2.2 编写 Master 页面 50
3.2.3 添加内容页面 52
3.2.4 事件触发顺序 54
3.2.5 编辑一般页面为内容页面 55
3.3 实现站点功能导航 57
3.3.1 TreeView 和 Menu 控件应用 57
3.3.2 SiteMap 站点地图 60
3.3.3 SiteMapDataSource 控件应用 62
3.3.4 在母版页中实现站点导航 62
3.4 访问 Master 页面控件 64
小结 66
作业 66
实训 3——设计客户关系管理系统的母版页并实现站点导航 66

第 4 章 验证控件——验证系统的用户输入信息 67
4.1 使用验证控件验证用户输入信息 67
4.1.1 为什么要验证用户输入信息 67
4.1.2 使用验证控件的好处 67
4.2 验证过程 68
4.3 使用验证控件 69
4.3.1 表单验证控件（RequiredFieldValidator）... 69

4.3.2 比较验证控件（CompareValidator） 71
4.3.3 范围验证控件（RangeValidator） 72
4.3.4 正则验证控件（RegularExpressionValidator） 74
4.3.5 自定义逻辑验证控件（CustomValidator） 76
4.3.6 验证组控件（ValidationSummary） 78
小结 81
作业 81
实训 4——验证客户关系管理系统输入信息 81

第 5 章 ADO.NET 数据访问技术——管理数据 83
5.1 使用 ADO.NET 管理销售机会数据 83
5.1.1 管理网站数据有必要性 ... 83
5.1.2 采用 ADO.NET 技术管理数据的方式 83
5.2 ADO.NET 概述 83
5.2.1 ADO.NET 及命名空间 84
5.2.2 ADO.NET 对象模型 84
5.2.3 DataSet 85
5.3 连接方式访问关系型数据库 85
5.3.1 连接方式访问数据库方法 85
5.3.2 使用参数 91
5.3.3 添加销售机会到数据库 95
5.4 非连接方式访问关系型数据库 ... 98
5.4.1 非连接方式访问数据库方法 99
5.4.2 显示所有员工信息 100

5.5 调用存储过程提高系统性能 101
    5.5.1 存储过程概述 101
    5.5.2 调用存储过程 102
    5.5.3 使用参数 103
小结 105
作业 105
实训 5——实现销售机会模块的数据管理 105

第 6 章 内置对象的使用——丰富网站信息 107

6.1 使用内置对象丰富网站信息 107
6.2 Response 对象 107
    6.2.1 Response 对象常用方法 108
    6.2.2 控制页面跳转 110
6.3 Request 对象 110
6.4 Application 对象 112
    6.4.1 Application 对象的使用 113
    6.4.2 统计网站当前用户数 115
6.5 Session 对象 116
    6.5.1 Session 对象特性 117
    6.5.2 统计用户添加商品次数 118
6.6 Cookie 对象 119
6.7 Server 服务对象 123
小结 125
作业 125
实训 6——完善销售机会管理界面 126

第 7 章 GridView 控件的使用——完善界面 127

7.1 使用数据控件 GridView 处理复杂的数据显示界面 127
7.2 GridView 控件概述 127
    7.2.1 数据绑定控件与 GridView 127
    7.2.2 GridView 控件常用的属性 129
    7.2.3 使用 GridView 显示销售机会管理 131
7.3 编辑显示信息列 132
7.4 添加模板列 136
7.5 事件处理 141
7.6 分页显示 142
小结 144
作业 144
实训 7——完善销售机会管理模块的相关信息 144

第 8 章 用户控件的使用——实现代码复用 146

8.1 创建用户控件实现代码复用 146
8.2 创建用户控件 146
8.3 与用户控件交互 148
8.4 自定义控件 151
小结 158
作业 158
实训 8——使用分页控件实现销售机会管理 158

第 9 章 Web 认证和授权的使用——实现用户信息管理 160

9.1 采用 Web 认证和授权机制验证客户关系管理系统用户身份 160
9.2 Web 应用的认证 160
9.3 Web 应用的授权 160
9.4 使用 Membership 实现 Web 应用的认证 161
9.5 使用 Role 实现 Web 应用的授权 168

| 9.6 Membership 扩展 170
| 小结 184
| 作业 184
| 实训 9——设计并实现员工账户
| 管理模块 184
| 第 10 章 主题和外观——实现系统
| 个性化 186
| 10.1 使用主题个性化网站外观 186
| 10.2 设计主题和外观 186
| 10.3 将主题应用于整个网站 189
| 小结 190
| 作业 190
| 实训 10——设计客户关系管理系统
| 主题 190

第 11 章 项目完善与整合——实现
　　　　功能模块 192
11.1 客户开发管理模块 191
11.2 客户管理模块 194
11.3 客户服务模块 204
11.4 统计报表模块 207
小结 208
作业 208
实训 11——实现各个功能模块 208
附录 A 东升客户关系管理系统
　　　项目要求 210
附录 B 东升客户关系管理系统项目
　　　数据库说明 214
参考文献 216

第 1 章　创建客户关系管理系统——多层架构技术基础

1.1　采用多层架构技术创建客户关系管理系统

1.1.1　什么是多层架构

在传统的系统架构设计中,将对数据库的访问、业务逻辑的处理与实现、用户界面等所有的代码都放在一起,再加上独立的数据库服务器。这种系统架构表面上简单,但是代码可读性差、耦合度高、内聚度低,既不利于系统的维护、重构与升级,也不利于系统开发时的分工与合作,已无法满足实际上日益复杂的工程项目设计与开发,仅出现于简单、脱离实际的知识讲解。

多层系统架构被称为 N 层系统架构,是指将软件系统的各个功能实现分开,放在不同的独立程序集中,形成独立的"层",各层之间通过规定的规则进行调用,以完成整个软件系统。

"层",在英文中对应有两种定义:Tier 和 Layer。

一般而言,Layer 是指系统的逻辑结构,而 Tier 是指系统的物理部署结构,不同的 Layer 可以在同一 Tier 上,不同的 Tier 上可以有相同的 Layer。

分层出现两种不同的划分方法是由于应用的实际需要引起的,Layer 的分法是由开发过程的需要进行划分的,而 Tier 的分法则是由于系统实际运行过程中根据实际情况及系统的扩展、负载均衡的需要进行调整引起的。

1.1.2　多层架构技术简介

为了提高系统设计质量,保证系统的可维护性、可扩展性及项目组的分工与合作,当今软件开发项目组实际都采用 N 层系统架构,将系统的各个功能分开,放在独立的层中,各层之间通过协作来完成系统整体。

敏捷开发方法的创始人之一,ThoughtWorks 公司首席科学家 Martin Fowler 在《企业应用架构模式》一书中评价分层架构的优势为:

① 开发人员可以只关注整个架构中的其中一层;
② 可以很容易地用新的实现替代原有层次的实现;
③ 可以降低层与层之间的依赖;
④ 有利于标准化;
⑤ 有利于各层逻辑的复用。

虽然分层的系统架构将不可避免地降低系统性能，但随着设备硬件性能的不断提高，软件开发质量才是系统开发的难点和重点，以牺牲系统的部分性能来换取系统的可维护性和可扩展性是不错的一种选择，也成为企业实际项目系统架构必然之选。

随着近年来 IT 技术的不断发展，Java 平台与.NET 平台的分层架构类型越来越多，越来越成熟，本书不采用具体的某一种系统框架，同时为了适当降低技术的复杂性，仅在逻辑上（即按 Layer 的划分方法）将系统划分成界面层（又称 UI 层）、业务逻辑层（Business Logic Layer，又称 BLL 层）、数据库访问层（Data Access Layer，又称 DAL 层）、实体层（又称 Model 层，本书称为 Entity 层），并对各层之间的调用关系进行规范。

图 1-1 所示为一般设计的通用多层系统架构，其中 Client 为用户的浏览器，即客户；UI 层为系统开发的用户界面层，用于向用户展示系统运行的结果，并接收用户的数据输入及操作；BLL 层为系统开发的业务逻辑处理层，用于完成功能实现过程中各种业务过程的处理，对于有一定要求的用户操作或功能实现，则在 UI 层代码调用 BLL 层中对应类的相应方法完成；DAL 层为专门用于实现数据访问的层，根据其他层的需要完成数据库中数据的读取或更新数据到数据库；对于 UI 中需要完成的简单数据操作功能，没有业务逻辑操作时，可以由 UI 层中代码直接调用 DAL 层中类的相应方法完成数据访问，对于有一定业务逻辑的功能，则由 BLL 层中代码调用此层中的功能，而不直接由 UI 层访问 DAL 层代码；Entity 层则是定义的通用实体类层，其中定义的类用于 UL 层、BLL 层、DAL 层进行交互时提供统一的实体类定义，实体类一般根据数据库结构或业务逻辑的需要而定义。

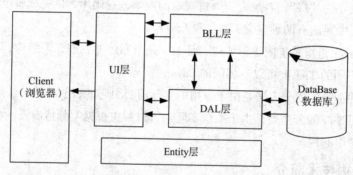

图 1-1　多层系统架构图

依此架构设计的系统，可以让不同技术特点的项目组成员完成对应层的开发工作，提高系统开发速度和质量，各层在完成自身开发的过程中，只需要按照对应的对外接口进行即可，项目组中各成员之间的相互干扰和影响可以有效地降低，保证系统各层（模块）的低耦合度和高内聚性，同时实现 BLL 层、DAL 层、Entity 层中代码、类的复用。

1.2　创建 Web 应用解决方案

到目前而言，应用程序仍是以 C/S（Client/Server）和 B/S（Browser/Server）两种模式为主。C/S 是指"客户端/服务器端"程序，在客户设备中需要安装特定的客户端应用程序，配合服务器端的程序共同完成系统功能。B/S 则是指"浏览器/服务器"程序，在客户设备中不安装特定的客户端应用程序，而是借助各类浏览器来完成客户端程序功能，配合服务器端的服务程序完成系统功能。由于 B/S 程序能够很好地应用于广域网，成为目前开发的主流技术。

B/S 程序又常被称为 Web 应用程序（Web Application），Web 应用程序有其自身的特点，所以 Web 应用系统也提供对应的解决方案以适应相应的要求。

1.2.1　Web 应用概述

Web 应用程序所指的是一些 Web 页面和用来完成某些任务的其他资源的集合。这说明一个 Web 应用程序有一条预定义的路线贯穿于网页之间，用户可以做出选择或提供信息使任务完成。例如，在线商店，用户为了选购货物，浏览一系列网页，反复查看各货物的信息，最后选定物品并发出订单。

1.2.2　创建 Web 网站

1. Web 应用程序和 Web 网站

在 Visual Studio 开发平台中，可以创建 "Web 应用程序项目" 或 "网站项目"。每种类型各有优缺点，必须了解它们之间的差异，才能选择最佳类型。创建项目之前，选择合适的项目类型十分重要，原因是从一种项目类型转换到另一种项目类型并不容易。

在 Web 应用程序项目和网站项目之间进行选择的主要因素是用户打算如何部署项目，以及希望在部署项目后如何维护项目。

优先选择 Web 应用程序项目的情况包括：

① 希望使用 MSBuild 来编译项目；
② 希望编译器为整个站点创建单个程序集；
③ 要控制为站点生成的程序集的名称和版本号；
④ 希望从独立的类引用页面和用户控件的代码隐藏类；
⑤ 希望在多个 Web 项目之间建立项目相关性。

优先选择网站项目的情况包括：

① 希望能够通过仅将新版本复制到生产服务器，或通过在生产服务器上直接编辑文件来更新生产中的各个文件；
② 不希望以 "发布" 配置显式编译项目来部署项目；
③ 希望编译器为站点创建多个程序集，可以是每个页面或用户控件一个程序集，也可以是每个文件夹一个或多个程序集。

Web 应用程序项目使用 Visual Studio 项目文件（本书采用 C# 语言，项目文件为 .csproj）来跟踪有关项目的信息。除其他任务以外，还得指定项目中要包含或排除哪些文件，以及在生成期间编译哪些文件。

对于网站项目，文件夹结构中的所有文件会被自动视为包含在网站中。如果希望从编译中排除某些文件，必须从网站项目文件夹中移除文件或将其文件扩展名更改为不由 IIS 编译和提供的扩展名。

使用 Web 应用程序项目中的项目文件具有以下优点：

易于暂时从站点移除文件,但仍确保不会失去对它们的跟踪,因为这些文件保留在文件夹结构中。例如,如果页面没有为部署准备就绪,可以暂时从生成中排除它,而无须从文件夹结构中将其删除。可以部署编译的程序集,然后再次将文件包括在项目中。这在使用源代码管理存储库时尤为重要。

在网站项目中使用无项目文件的文件夹结构具有以下优点:

不必专门在 Visual Studio 中管理项目的结构。例如,可以通过使用 Windows 资源管理器将文件复制到项目中或从项目中删除文件。

本书所有的 Web 应用程序和网站都是基于.NET Framework 4.5 以上框架,采用的开发环境为 Visual Studio 2013 及以上版本。

2. 创建 Web 应用程序

创建 Web 应用程序,打开 Visual Studio,选择"文件"→"新建"→"项目"菜单项,弹出图 1-2 所示的"新建项目"对话框。

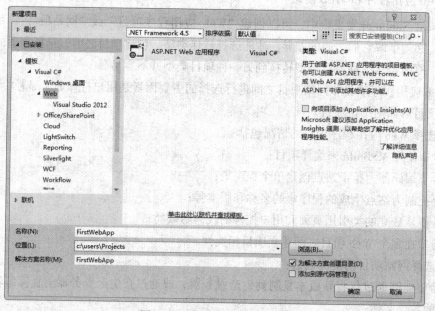

图 1-2 "新建项目"对话框

首先在左侧的模板中选择使用 Visual C#语言的 Web 开发模板,接着在上面的下拉列表框里选择合适的.NET Framework,建议项目至少采用.NET Framework 4.0 以上的版本,输入项目名称 FirstWebApp,单击"浏览"按钮,选择合适的文件夹存放项目对应文件夹,一般而言,项目所在路径中不包含空格、中文等字符为好。然后单击"确定"按钮,就会弹出图 1-3 所示的选择模板对话框。最后选择"Web Forms"为项目模板,单击"确定"按钮,完成一个简单的 Web 应用程序的创建。

Visual Studio 中可看到创建好的项目,如图 1-4 所示。打开项目所在文件夹,可以看到与项目同名的一个文件夹,此文件即对应项目的存放位置,解决方案管理器中可以看到的文件及文件夹都在此文件夹中,此外还有两个项目管理用文件。

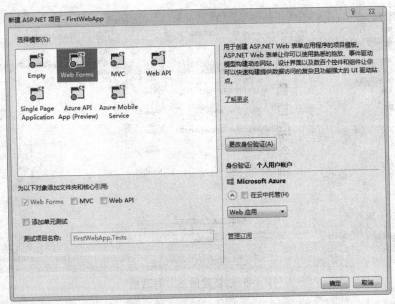

图 1-3　选择模板

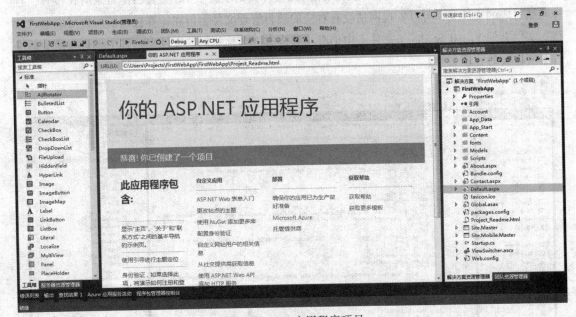

图 1-4　Web 应用程序项目

3. 创建 Web 网站

选择"文件"→"创建"→"网站"菜单项,弹出图 1-5 所示"新建网站"对话框。选择 Visual C#语言和.NET Framework 的框架版本,选择"ASP.NET Web 窗体网站"模板,特别要注意的是选择"Web 位置"的类型,如果有 IIS,则一般选择"HTTP"类型为好,最后输入网站的网址,本例中使用开发的计算机中自带 IIS,所以网站网址为 http://localhost/FirstWebSite,其中 http:// 为协议类型,localhost 为开发计算机自身的主机标识,FirstWebSite 为网站自身名称,由此多部分组合成为一个完整的网站网址。单击"确定"按钮后,完成创建网站。

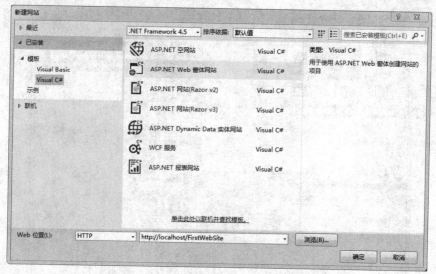

图 1-5 "新建网站"对话框

网站组织结构如图 1-6 所示,此时网站所在文件夹则取决于 IIS 设置的主目录所在位置,打开网站对应的文件夹,可以发现网站没有对应的项目管理文件,但在计算机当前用户对应的"文档"文件夹的 Visual Studio 子文件夹中仍有与解决方案名称相同的文件夹,其中包含有两个解决方案所需要的管理文件。

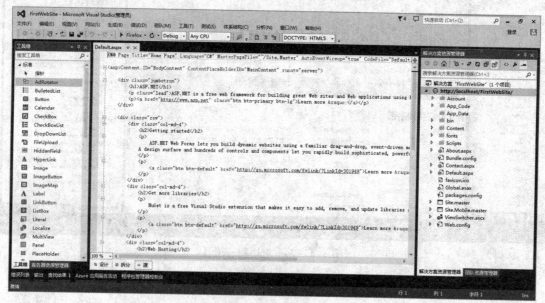

图 1-6 网站组织结构

1.2.3 Web 浏览器和服务器

Web 应用程序项目与 Web 网站的运行都需要有 Web 浏览器与服务器配合才能完成。

ASP.NET Web 应用程序项目与 Web 网站项目都最终部署在 Web 服务器中,而且目前仍以 IIS 为主。

与此同时，Web 浏览器则可以是支持 HTML4 的浏览器即可，目前国内各主流浏览器都可以，但不同浏览器显示同一页面则仍可能有所区别，这主要是由于各浏览器对于 HTML 的解释与理解不同引起的，所以必须对开发好的系统使用各种主流浏览器分别进行测试。

需要特别注意的是，Web 应用程序与 Web 网站在运行时，是无状态的。即每次浏览器需要更新页面中的显示内容或处理用户在页面中的操作时，这些处理过程一般都会把事件及数据发送回服务器，而此时服务器会为这个客户重新创建一个页面对象，刚才显示的页面对象已不存在。这个过程类似于凭票入场，但票只能一次性使用，如果有客人需要暂时离开并且将再次入场，则必须在离场前先由服务人员在手臂上盖上标识，再次入场时，凭此标识入场，以证明此客户是原来已入场的某位客户。此外，每位客户的标识还保证不一样，以示区别。

1.3 建立多层架构 Web 应用系统

建立多层架构的 Web 应用系统，也就是不仅仅建立一个简单的 Web 网站，而是在构建 Web 程序系统的同时，应用多层架构的技术和思想，实现系统的模块化。

根据本章前面的技术要求，接下来完成一个多层架构的 Web 应用系统。

1. 创建解决方案

为了便于区分解决方案与项目，首先建立一个空白的解决方案。

在 Visual Studio 中选择"文件"→"新建"→"项目"菜单项，弹出图 1-7 所示的"新建项目"对话框，选择"其他项目类型"中的"Visual Studio 解决方案"并选择"空白解决方案"选项，单击"浏览"按钮，确定解决方案存盘位置，输入解决方案的名称，如本例中的"CRMSln"，再单击"确定"按钮。

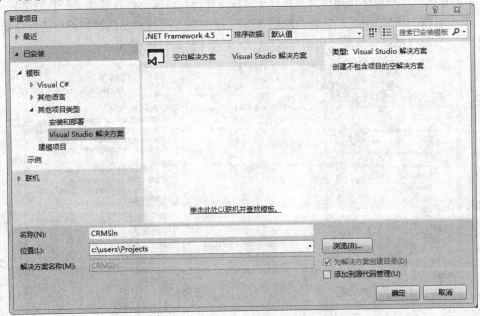

图 1-7 创建解决方案

创建完成解决方案后,界面如图 1-8 所示。

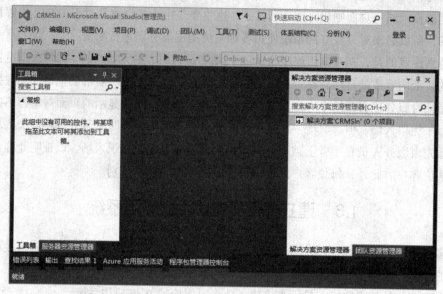

图 1-8　解决方案界面

2. 创建 Web 应用程序

在原有空白解决方案中添加 Web 应用程序,把 Web 应用程序作为图 1-1 所示多层系统架构中的 UI 层。

为了在原有空白解决方案中添加新的 Web 应用程序,可以右击"解决方案资源管理器"中的"解决方案'CRMSln'",在弹出快捷菜单中选择"添加"→"新建项目"菜单项,弹出图 1-9 所示的"添加新项目"对话框,在已安装模板中选择"Web"选项,然后选择"ASP.NET Web 应用程序",输入名称"CRMDemo",单击"确定"按钮,按照图 1-3 所示的选择模板对话框选择"Web Forms"选项为项目模板,单击"确定"按钮,完成增加新项目操作。

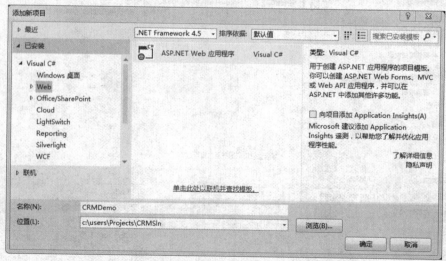

图 1-9　"添加新项目"对话框

3. 创建其他项目

按照添加 Web 应用程序的方法，添加 BLL 项目、DAL 项目、Entity 项目到解决方案中。在添加过程中，不再选择"Web"模板，而是选择"Visual C#"模板，选择模板中的"类库"项目，如图 1-10 所示，名称分别指定为 BLL、DAL 和 Entity。

图 1-10　添加类库项目

添加完成后，解决方案中共有 4 个项目，如图 1-11 所示，在 Windows 资源管理器中打开解决方案所有文件夹，可以看到 4 个文件夹（分别对应各个项目）及两个文件（解决方案对应文件）。

在"解决方案资源管理器"中，右击"CRMDemo"项目，在弹出快捷菜单中选择"设为启动项目"菜单项，展开此项目，右击 Default.aspx 页面，在弹出快捷菜单中选择"设为启始页"菜单项，然后启动解决方案，可以看到浏览器中打开的 Default.aspx 页面，如图 1-12 所示。

图 1-11　解决方案组成

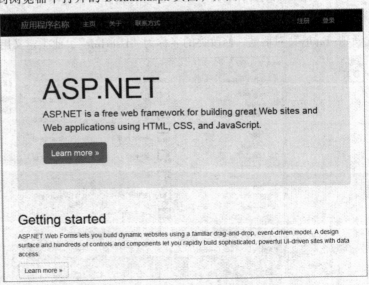

图 1-12　Default.aspx 页面

4．建立项目关系

根据多层架构中项目之间的关系，UI 层需要应用 BLL 层、DAL 层和 Entity 层中的类，BLL 层需要应用 DAL 层和 Entity 层中的类，而 DAL 也需要应用 Entity 层中的类，所以需要使应用层能引用被应用层，实现此功能通过项目之间的引用完成。

在"解决方案资源管理器"中，右击"DAL"项目（即 DAL 层对应项目，以后称各层为对应项目），在弹出快捷菜单中选择"添加引用"菜单项，弹出图 1-13 所示的"引用管理器-DAL"对话框，单击"项目"标签，再选择"Entity"项目，最后单击"确定"按钮，完成 DAL 项目对 Entity 项目的引用添加操作。

按同样的方法完成其他项目的引用添加操作。

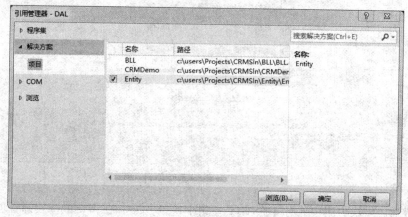

图 1-13 "引用管理器-DAL"对话框

为了展示各层之间的调用关系及方法，在 UI 项目的 Default 页面中添加一条欢迎信息，而被欢迎人的信息由 DAL 项目中确定，被欢迎人信息的结构由 Entity 项目确定。

展开 Entity 项目，右击"Class1.cs"，在弹出快捷菜单中选择"删除"菜单项，删除此类。右击"Entity"项目，在弹出快捷菜单中选择"添加"→"类"菜单项，弹出图 1-14 所示的"添加新项-Entity"对话框，修改类的名称为"UserInfo"，此类定义用户信息的结构。

图 1-14 "添加新项-Entity"对话框

修改类的访问修饰符为 public，修改类代码如下所示：

```csharp
/// <summary>
/// 定义用户信息的结构
/// </summary>
public class UserInfo
{
    protected string id;
    /// <summary>
    /// 身份证号
    /// </summary>
    public string ID
    {
        get { return id; }
        set { id=value; }
    }
    protected string name;
    /// <summary>
    /// 姓名
    /// </summary>
    public string Name
    {
        get { return name; }
        set { name=value; }
    }
}
```

至此，用户信息定义类 UserInfo 已完成，其他项目可以直接使用此类来记录用户信息。

UI 项目的 Default 页面为了能得到 DAL 项目中确定的用户信息，需要向 BLL 项目（此处特意通过 BLL 项目再访问 DAL 项目中的用户信息）发出调用，因此 BLL 项目与 DAL 项目需要完成对应的类的开发。

在 DAL 项目中添加一个模拟进行数据库访问得到用户信息的类 UserDAL 类。UserDAL 类代码如下：

```csharp
using System;
using System.Collections.Generic;
using System.Linq;
using System.Text;
//添加对应命令空间的引用
using Entity;
namespace DAL
{
    /// <summary>
    /// 用户信息数据库访问类
    /// 专门完成数据库中用户信息的操作
    /// </summary>
    public class UserDAL
    {
```

```csharp
/// <summary>
/// 读取当前用户信息,此处仅模拟数据库访问,实际直接设置用户的信息值
/// </summary>
/// <returns>成功则返回用户信息对象;否则返回null</returns>
public UserInfo GetCurrentUserInfo()
{
    UserInfo info = new UserInfo();
    info.ID = "420111199401019978";
    info.Name = "李冰";
    return info;
}
```

BLL 项目中添加一个完成用户信息业务处理的类 UserOp。UserOp 类代码如下:

```csharp
using System;
using System.Collections.Generic;
using System.Linq;
using System.Text;
//添加对应命令空间的引用
using Entity;
using DAL;
namespace BLL
{
    /// <summary>
    /// 完成用户信息业务逻辑处理的类
    /// </summary>
    public class UserOp
    {
        /// <summary>
        /// 得到当前用户信息
        /// </summary>
        /// <returns>成功则返回用户信息对象;否则返回null</returns>
        public UserInfo GetCurrentUser()
        {
            UserDAL dal = new UserDAL();

            return dal.GetCurrentUserInfo();
        }
    }
}
```

最后,需要在 Default 页面中添加显示用户名的功能。

展开 CRMDemo 项目,双击"Default.cs"页面,在图 1-15 所示设计界面中,单击下方的"设计"按钮,进入设计界面,展开左侧"工具箱"中的"标准"选项卡(如果工具箱没有打开,请通过"视图"→"工具箱"菜单打开),找到"Label"控件,拖动此控件到页面中文本"ASP.NET"的右侧,此控件用于显示用户的姓名。单击右侧"属性"窗口(如果没有打开,请通过"视图"

→"属性窗口"打开),再单击刚刚拖到界面中的 Label 控件,修改其 ID 属性值为 lblUserName(将此控件称为 lblUserName 控件),清空其 Text 属性的值,最后形成的界面如图 1-15 所示。

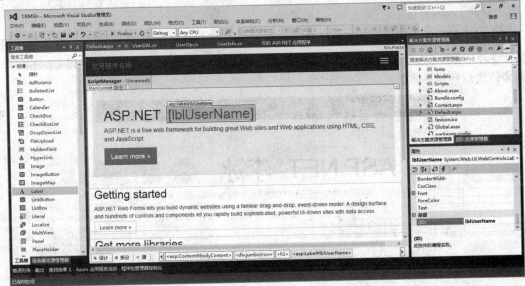

图 1-15 最终设计界面

设定用户信息在界面一出现时,就显示在页面上,所以 lblUserName 控件的文本内容(Text 属性值)在页面一显示时,就是用户姓名。为了实现此功能,双击 Default 页面中周围的区域,开发界面自动跳转到"Default.aspx.cs"文件,并自动定位到 Page_Load 事件处理程序中,修改此类代码为:

```
using System.Linq;
using System.Web;
using System.Web.UI;
using System.Web.UI.WebControls;
//添加对应命令空间的引用
using Entity;
using BLL;
namespace CRMDemo
{
    public partial class _Default : System.Web.UI.Page
    {
        protected void Page_Load(object sender, EventArgs e)
        {
            if(!IsPostBack)
            {
                //创建用户信息业务逻辑处理对象
                UserOp op = new UserOp();
                //获得用户信息
                UserInfo info = op.GetCurrentUser();
                //显示用户姓名到控件中
                lblUserName.Text = info.Name;
```

            }
          }
        }
      }

　　按【F5】键开始以调试方式运行系统，Default 页面运行结果如图 1-16 所示，其中显示用户姓名"李冰"的就是 lblUserName 控件，其值通过 BLL 项目从 DAL 项目中得到，以 UserInfo 类型的对象依次返回到界面中。

图 1-16　运行结果

　　系统从用户浏览器访问 Default.aspx 页面开始的流程与系统的多层架构是类似的，如图 1-17 所示。

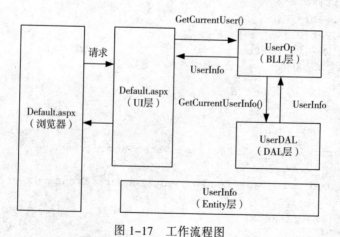

图 1-17　工作流程图

小　　结

　　本章讲解了多层 Web 应用程序的架构，并通过示例完成了一个多层的 Web 系统，各层之间进行的相互的信息传递，展示了多层系统的建立方法及解决方案内多个项目之间的关系处理方法。

作 业

描述多层架构系统的优缺点。

实训 1——创建多层架构客户关系管理系统

实训目标

完成本实训后，能够：
① 完成 Web 网站的创建；
② 创建多层架构的东升客户关系管理系统；
③ 实现多层架构系统中各项目之间的信息交流。

实训场景

东升信息技术有限公司决定研发客户关系管理系统，以提高客户公司对其自身客户关系管理效率。系统要求采用分层的系统架构，为减轻客户端的维护工作量，并且方便系统维护与升级，决定使用 B/S 结构实现。

为了统一开发人员的开发基线，需要先建立好完整的系统，再分配工作任务给项目组成员，在本实训中完成多层架构解决方案的建立工作。

实训步骤

1．创建 Web 网站

在开发计算机中采用新建项目的方式创建一个采用 Web 位置为"HTTP"、网站名称为 SecondWebSite 的网站。找到网站存放位置，查看其文件夹的组成部分。

2．创建 Web 应用程序

在开发计算机中采用新建项目的方式创建一个 Web 应用程序，应用程序存放位置为 C:\Temp，项目名称为 SecondWebApp 的项目。找到项目存放位置，查看其文件夹组成部分。

对比 Web 网站与 Web 应用程序的文件及文件夹组成。

3．创建多层架构客户关系管理系统

按本章多层架构系统的建立方法，创建东升客户关系管理系统，解决方案名称为 CRMSln；UI 层使用 Web 应用程序项目类型，项目名称为 CRM；BLL 层使用类库类型，名称直接为 BLL；DAL 层使用类库类型，名称直接为 DAL；实体层使用类库类型，名称设置为 Entiry。根据图 1-1 所示各层之间的关系，完成相关的引用添加工作。

运行程序，保证系统能正确启动。

为了方便项目的管理，东升客户关系管理系统将使用 Web 应用程序类型实现 UI 层，后续各章将在本实训的基础上逐步添加功能。

第 2 章 ASP.NET Web 表单——使用 Web 控件设计页面

2.1 创建并设计"添加销售机会"页面设计

人们经常会看到在地址栏里有一些网址特别长，而且还带有"？"的链接一般是动态链接，其所对应的页面就是动态页面。动态页面是以 ASP、PHP、JSP、Perl 或 CGI 等编程语言制作的。程序是否在服务器端运行，这个是判断页面属不属于动态页面的重要标志。在服务器端运行的程序、网页、组件，属于动态页面，它们会随不同客户、不同时间，返回不同的页面。

动态页面实际上并不是独立存在于服务器上的网页文件，只有当用户请求时服务器才返回一个完整的网页；动态页面上的内容存在于数据库中，根据用户发出的不同请求，其提供个性化的网页内容，从而大大降低网站维护的工作量；采用动态网页技术的网站可以实现更多的功能，如用户注册、用户登录、在线调查、用户管理、订单管理等。

在网站设计中，纯粹 HTML 格式的网页通常被称为"静态页面"，运行于客户端的程序、网页、插件、组件，属于静态页面，如 html 页、Flash、JavaScript、VBScript 等，它们是永远不变的。动态页面与网页上的各种动画、滚动字幕等视觉上的"动态效果"没有直接关系，动态页面也可以是纯文字内容的，也可以是包含各种动画的内容，这些只是页面具体内容的表现形式，无论网页是否具有动态效果，采用动态网站技术生成的页面都称为动态页面，动态页面是需要服务器解释的。

本章将通过案例展示的方式讲解 ASP.NET 4 工作模型实现动态 Web 应用系统的步骤，完成本章学习，将能够：
- 了解 ASP.NET 4 的工作模型。
- 掌握通过使用 Web 服务器控件设计动态页面的方法。
- 掌握 ASP.NET 4 的页面事件及处理的方法。

2.2 ASP.NET 4 的工作模型

ASP.NET 是 Web 服务器（IIS）的 ISAPI（Internet Server API）扩展。当 IIS 接收到客户端浏览器发来的请求后，它根据请求的文件类型确定由哪个 ISAPI 扩展来处理该请求，并将请求转发给 ASP.NET（如果是 ASP.NET 处理的相应文件类型，如*.aspx、*.asmx、*.ashx 等）。ASP.NET 应用首先进行初始化，并装载配置模块，然后经过一系列步骤来完成对客户端请求的响应，工作流程如图 2-1 所示。

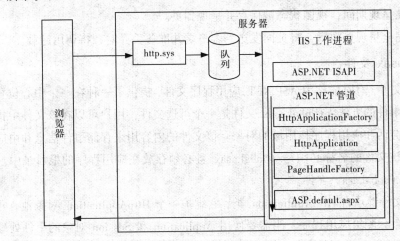

图 2-1 ASP.NET 工作流程

主要完成的步骤为：
① 用户从浏览器中请求网页（.aspx）；
② ASP.NET 接收到对应用程序的第一个请求；
③ 为每个请求创建 ASP.NET 核心对象；
④ 将 HttpApplication 对象分配给请求；
⑤ 由 HttpApplication 管线处理请求。

2.2.1 生命周期事件和 Global.asax 文件

1. ASP.NET 页面生命周期

ASP.NET 页面运行时，也和类的对象一样，有自己的生命周期。ASP.NET 页面运行时，ASP.NET 页面将经历一个生命周期，在生命周期内，该页面将执行一系列的步骤，包括控件的初始化、控件的实例化、还原状态和维护状态等，以及通过 IIS 反馈给用户呈现成 HTML。

ASP.NET 页面生命周期是 ASP.NET 中非常重要的概念，了解 ASP.NET 页面的生命周期，就能够在合适的生命周期内编写代码，执行事务。同样，熟练掌握 ASP.NET 页面的生命周期，可以开发高效的自定义控件。ASP.NET 生命周期通常情况下需要经历如下几个阶段：

① 页请求：页请求发生在页生命周期开始之前。当用户请求一个页面，ASP.NET 将确定是否需要分析或者编译该页面，或者是否可以在不运行页的情况下直接请求缓存响应客户端。

② 开始：发生了请求后，页面就进入了开始阶段。在该阶段，页面将确定请求是发回请求还是新的客户端请求，并设置 IsPostBack 属性。

③ 初始化：在页面开始后，进入了初始化阶段。初始化期间，页面可以使用服务器控件，并为每个服务器控件进行初始化。

④ 加载：页面加载控件。

⑤ 验证：调用所有的验证程序控件的 Vailidate 方法，来设置各个验证程序控件和页的属性。
⑥ 回发事件：如果是回发请求，则调用所有事件处理的程序。
⑦ 呈现：在呈现期间，视图状态被保存并呈现到页。
⑧ 卸载：完全呈现页面后，将页面发送到客户端并准备丢弃时，将调用卸载。

2．Global.asax 文件

Global.asax 文件，有时候称为 ASP.NET 应用程序文件，提供了一种在一个中心位置响应应用程序级或模块级事件的方法。Global.asax 文件是一个可选文件，用户可以在该文件中指定事件脚本，并声明具有会话和应用程序作用域的对象。该文件的内容用来存储事件信息和由应用程序全局使用的对象。该文件的名称必须是 Global.asax 且必须存放在应用程序的根目录中。每个应用程序只能有一个 Global.asax 文件。

Global.asax 文件继承自 HttpApplication 类，它维护一个 HttpApplication 对象池，并在需要时将对象池中的对象分配给应用程序。当需要使用 Application 和 Session 对象的事件处理程序时，就需要创建此文件。Global.asax 文件主要是定义 Web 应用程序的 Application_Start()、Application_End()、Session_Start()和 Session_End()等事件处理程序，其说明如表 2-1 所示。

表 2-1 Application 和 Session 对象的事件处理程序

事件处理程序	说　明
Connection Application_Start()	当第 1 位用户进入 ASP.NET 程序时，Application_Start 事件就触发，在触发后，就算有成千上万用户进入网站都不会重新触发，除非 Web 服务器关机。通常用来初始化 Application 变量，如初始的访客计数
Application_End()	当 Web 服务器关机时，Application_End 事件就会触发
Application_Error()	当产生未能处理错误时，触发 Application_Error 事件
Session_Start()	当用户建立 Session 时间时，就触发 Session_Star 事件，如果有 50 位用户，就触发 50 次事件，每个事件是独立触发的，不会互相影响，通常用来初始化用户专用的 Session 变量
Session_End()	当用户在默认时间内没有进入其他 ASP.NET 程序时，就会触发此事件，时间是由 TimeOut 属性设定，通常是善后用途的程序代码，例如将 Session 变量存入数据库或文本文件

当 web.config 文件的 sessionState 模式设为 InProc（此为默认值）才会触发 Session_End 事件，如果设为 StateServer 或 SQLServer 就不会触发此事件。

当用户请求 ASP.NET 程序后，就会替每位用户建立 Session 时间和 Application 对象，接着检查 ASP.NET 应用程序是否含有 Global.asax 文件。

如果有 Global.asax 文件，就将它编译成继承 HttpApplication 类的 .NET Framework 类，然后在执行 ASP.NET 文件的程序代码前触发 Application_Start 事件，执行 Global.asax 文件的 Application_Start()事件处理程序，并建立 Session 对象，因为 Global.asax 文件存在，接着执行 Session_Start()事件处理程序。

当 Session 时间超过 TimeOut 属性的设定（默认 20 min）或执行 Abandon()方法，表示 Session 时间结束，就触发 Session_End 事件执行 Session_End()事件处理程序，处理程序是在关闭 Session

对象前执行。

Web 服务器如果关机，在关闭 Application 对象前就会执行 Application_End()事件处理程序，当然也会结束所有用户的 Session 时间，执行所有用户的 Session_End()事件处理程序。

2.2.2 ASP.NET 4 的 Page 指令

页面指令用来通知编译器在编译页面时做出的特殊处理。当编译器处理 ASP.NET 应用程序时，可以通过这些特殊指令要求编译器做特殊处理，如缓存、使用命名空间等。当需要执行页面指令时，通常的做法是将页面指令包括在文件的头部，示例代码如下：

```
<%@Page Language="C#" AutoEventWireup="true" CodeBehind="Default.aspx.cs"
Inherits="MyWeb._Default" %>
```

上述代码中，就使用了@Page 页面指令来定义 ASP.NET 页面分析器和编译器使用的特定页的属性。当代码隐藏页模型的页面被创建时，系统会自动增加@Page 页面指令。

Page 指令定义 ASP.NET 页分析器和编译器使用的页特定（.aspx 文件）属性。其中的属性说明如下：

Language：指定在对页中的所有内联呈现（<% %> 和 <%= %>）和代码声明块进行编译时使用的语言。值可以表示任何.NET Framework 支持的语言，包括 Visual Basic、C#或 JScript。每页只能使用和指定一种语言。

AutoEventWireup：指示页的事件是否自动绑定。如果启用了事件自动绑定，则为 true；否则为 false。

CodeBehind：指定指向页引用的代码隐藏文件的路径。

Inherits：定义供页继承的代码隐藏类。它可以是从 Page 类派生的任何类。

2.3　Web 服务器控件

2.3.1 HTML 服务器控件与 Web 服务器控件

ASP.NET 服务器控件是 ASP.NET 架构的基础部分。本质上，服务器控件就是.NET Framework 中用来表示 Web 窗体中可见元素的类。其中一些类相对比较简单，直接与特定的 HTML 元素对应，而另一些则是对来自多个 HTML 元素的复杂表现形式更深的抽象。

所有的服务器控件都派生自 System.Web.UI 命名控件中的 Control 基类。ASP.NET 提供了两种不同类型的服务器控件：HTML 服务器控件和 Web 服务器控件。

1．HTML 服务器控件

ASP.NET 允许提取 HTML 元素把它们转换为服务器端控件，之后就可以使用它们控制在 ASP.NET 页面中实现的元素的行为和操作了。在页面上 HTML 服务器控件的声明和普通的静态 HTML 元素的声明一样，可以将任何 HTML 元素转换为服务器控件，只要为该元素添加 runat="server" 属性即可。这一属性允许 ASP.NET 处理服务器类，并把它们翻译成对应的.NET 类的实例。另外，可能还会添加 ID 属性，这样可以通过编程方式访问和控制控件。

HTML 服务器控件定义在 System.Web.UI.HtmlControls 命名控件中，所有的 HTML 服务器控件都派生自 HtmlControl 基类。HTML 服务器控件提供以下功能：

① 可在服务器上使用熟悉的面向对象技术对其进行编程的对象模型。每个服务器控件都公开一些属性，这些属性使用户得以在服务器代码中通过编程操作该控件的 HTML 属性。

② 提供一组事件，用户可以为其编写事件处理程序，方法与在基于客户端的窗体中大致相同，所不同的是事件处理是在服务器代码中完成的。

③ 在客户端脚本中处理事件的能力。

④ 自动维护控件状态。在窗体到服务器往返期间，用户在 HTML 服务器控件中输入的值将在页发送回浏览器时自动维护。

⑤ 可与验证控件进行交互，便于验证用户是否在控件中输入了适当的信息。

⑥ 可实现数据绑定，将数据绑定到一个或多个控件属性。

⑦ 支持自定义属性。可以将任何需要的属性添加到 HTML 服务器控件，页框架将读取并在客户端显示它们而不更改其任何功能。这将允许开发人员向控件添加浏览器特定的属性。

表 2-2 所示的是常用的 HTML 服务器控件。

表 2-2 常用的 HTML 服务器控件

HTML 元素	控件类型	用 途
\<a>	HtmlAnchor	允许以编程方式访问 HTML 锚元素 注：公开 ServerClick 事件
\<button>	HtmlButton	允许以编程方式访问 HTML 按钮元素。此元素由 HTML 4.0 规范定义，且只能被 IE 4.0 以上版本支持 注：公开 ServerClick 事件
\<form>	HtmlForm	允许以编程方式访问 HTML 表单元素。充当其他服务器控件的容器，任何要参与回传的控件都应包含在 HtmlForm 控件中
\<img>	HtmlImage	允许以编程方式访问 HTML 图像元素
\<input type="button"> \<input type="submit"> \<input type="reset">	HtmlInputButton	允许以编程方式访问 button、submit 和 reset 输入类型的 HTML 输入元素 注：公开 ServerClick 事件
\<input type="checkbox">	HtmlInputCheckBox	允许以编程方式访问 checkbox 输入类型的 HTML 输入元素 注：公开 ServerChange 事件
\<input type="file">	HtmlInputFile	允许以编程方式访问 file 输入类型的 HTML 输入元素
\<input type="hidden">	HtmlInputHidden	允许以编程方式访问 hidden 输入类型的 HTML 输入元素 注：公开 ServerChange 事件
\<input type="image">	HtmlInputImage	允许以编程方式访问用于 image 输入类型的 HTML 输入元素 注：公开 ServerClick 事件
\<input type="radio">	HtmlInputRadioButton	允许以编程方式访问用于 radio 输入类型的 HTML 输入元素
\<select>	HtmlSelect	允许以编程方式访问 HTML 的选择元素 注：公开 ServerChange 事件

续表

HTML 元素	控件类型	用途
\<table\>	HtmlTable	允许以编程方式访问 HTML 的表元素 注：HtmlTable 控件不支持某些表的子元素，如\<col\>、\<tbody\>、\<thead\>等
\<td\>和\<th\>	HtmlTableCell	允许以编程方式访问 HTML 表的单元格
\<tr\>	HtmlTableRow	允许以编程方式访问 HTML 表的行
\<textarea\>	HtmlTextArea	允许以编程方式访问 HTML 文本区域 注：公开 ServerChange 事件
\<body\>、\<div\>、\<font\>等	HtmlGenericControl	允许以编程方式访问未被 HTML 控件类明确表示的 HTML 元素

HTML 服务器控件具有一些公共属性：

① Attributes 属性：包含控件标记定义里的所有属性的名称/值对；

② Disabled 属性：Disabled 属性用于表示该控件是否被禁用；

③ Style 属性：获取指定控件的 CSS 样式；

④ TagName 属性：获取 HTML 控件的类型；

⑤ Visible 属性：用于表示控件在页面上是否可见。

HTML 控件可以处理服务器端事件和 HTML 元素映射的客户端事件，HTML 服务器控件可以映射的客户端事件有两个：

① ServerClick 事件：HtmlAnchor、HtmlButton、HtmlInputButton、HtmlInputImage 控件可以将客户端的 Click 事件映射到服务器端，使得当这 4 类控件被单击时，就会触发服务器端的 ServerClick 事件。

② ServerChange 事件：HtmlInputCheckBox、HtmlInputHidden、HtmlInputRadioButton、HtmlInputText、HtmlSelect、HtmlTextArea 控件可以在其值发生变化时，通过映射触发服务器端的 ServerChange 事件。

2. Web 服务器控件

ASP.NET 提供的 HTML 服务器控件在工作时会映射成特定的 HTML 元素，通过处理 HTML 元素提供的 HTML 属性来控制输出。Web 服务器控件的工作方式与此不同，它们不映射为特定的 HTML 元素，而是能定义页面的功能和外观，且不需要通过一组 HTML 元素的属性来实现。在构造由 Web 服务器控件组成的 Web 页面时，可以描述页面元素的功能、外观、操作方式和行为。与 HTML 服务器控件不同，Web 服务器控件不仅可处理常见的 Web 页面窗体元素（如文本框和按钮等），还可以给 Web 页面增添高级功能。

构造 Web 服务器控件，就是在构造一个控件，即一组指令，只是该控件用于服务器（而不是客户端）。默认情况下，ASP.NET 提供的所有 Web 服务器控件都是在控件声明的开头使用 asp:前缀。下面是一个典型的 Web 服务器控件示例：

```
<asp:Label ID="Label1" runat="server" Text="Hello World"></asp:Label>
```

与 HTML 服务器控件一样，Web 服务器控件也需要一个 ID 属性来引用服务器端代码中的控件，还需要一个 runat="server" 属性声明。

ASP.NET 中，所有的服务器控件，包括 HTML 服务器控件和 Web 服务器控件，以及用户创建或下载的任何控件，都继承自 Control 类。Control 类在 System.Web.UI 命名空间中定义，代表了服务器控件应该有的最小的功能集合。下面列出服务器控件所共有的一些属性、方法和事件。

（1）服务器控件共有的属性

共有属性就是所有的服务器控件都有的属性，这些属性主要来设置控件的外观，如颜色、字体、大小等。服务器控件共有的属性如表 2-3 所示。

表 2-3 服务器控件共有的属性

属 性	说 明	属 性	说 明
AccessKey	控件指定的键盘快捷键	Font-Names	控件使用字体的序列
BackColor	控件的背景色	Font-Size	字体的大小
BoderColor	控件的边框颜色	Font-Underline	字体是否使用下画线
BoderStyle	控件的边框样式	ForeColor	控件的前景色
BoderWidth	控件的边框宽度	Height	控件的高度
CSSClass	用于该控件的 CSS 类名	TabIndex	控件的【Tab】键顺序
Enable	控件是否处于启用状态	Text	控件上显示的文本
Font-Bold	字体是否为粗体	ToolTip	设置控件的提示信息
Font-Name	控件使用的首选字体	Width	控件的宽度

（2）服务器控件的方法

服务器控件的方法主要用来实现一些特定的功能，如获取控件的类型、使服务器控件获取焦点等。服务器控件共有的方法如表 2-4 所示。

表 2-4 服务器控件共有的方法

方 法	说 明
ApplyStyleSheetSkin	把页面样式表中定义的属性应用于该控件
DataBind	激发 OnDataBinding 事件，然后激活所有子控件上的 DataBind 方法
Dispose	从内存中释放控件之前，给控件一个执行清除任务的机会
Focus	把输入焦点设置为该控件。ASP.NET1.x 不支持该方法
GetType	获取当前实例的类型
HasControls	表明该控件是否包含任何子控件
RenderControl	生成控件的 HTML 输出
SetRenderMethodDelegate	内部使用的方法，把一个对生成控件及其内容的委派赋给父控件

（3）服务器控件的事件

服务器控件的事件用于当服务器进行到某个时刻引发从而完成某些任务。事件的回发会导致页面的 Init 事件和 Onload 事件等，在页面的 Onload 事件里编写代码时还需要根据情况判断是否需要检测页面回发事件，常用的检测方法就是判读 Page.IsPostBack 等属性来判断页面事件的状态。

服务器控件共有的事件如表 2-5 所示。

表 2-5 服务器控件共有的事件

事 件	说 明
DataBinding	当一个控件上的 DataBind 方法被调用并且该控件被绑定到一个数据源时发生这个事件
Disposed	从内存中释放一个控件时会发生这个事件，这是控件生命周期的最后一个阶段
Init	控件被初始化时发生这个事件，这是控件生命周期的开始
Load	把控件装入页面时会发生这个事件，该事件在 Init 后发生
PreRender	控件准备生成它的内容时会发生这个事件
Unload	从内存中卸载控件时发生这个事件

下面是一些常用的控件：

① Label 控件：用于在页面的特定位置显示简单的文本。使用 Label 控件可以根据用户的交互容易地修改页面某个部分的文本。

② TextBox 控件：用于在页面上输入文本，常见于购物站点的订单表格，或站点的登录页面。

③ Button 控件：从提交订单到修改站点的个人设置，单击页面上的按钮通常会促使信息传递到服务器，而服务器会对这些信息作出反应并显示一个结果。

④ Hyperlink 控件：用于在页面上提供超链接功能，这个功能允许导航到站点的其他页面，或者导航到 Internet 上的其他资源。

⑤ Image 控件：用于在页面上显示图片。根据用户的输入，服务器可以修改在控件中显示的具体图片。

⑥ DropDownList 控件：用于向用户提供一个可选择的选项列表；该列表在没有使用时会折叠起来以节省空间。

⑦ ListBox 控件：用于提供一个大小固定的选项列表。

⑧ CheckBox 和 Radio Button 控件：用于选择可选的附加信息，具体形式分别是 yes/no 和 "多选一"。

2.3.2 Web 服务器控件的事件模型

ASP.NET 中有一个重要功能，允许用户通过与客户端应用程序中类似的、基于事件的模型来对网页进行编程。举一个简单的例子，如可以向 ASP.NET 网页中添加一个按钮，然后为该按钮的 Click 事件编写事件处理程序。尽管这种情况在仅使用客户端脚本（在动态 HTML 中处理按钮的 onclick 事件）的网页中很常见，但 ASP.NET 将此模型引入到了基于服务器的处理中。

与传统 HTML 页或基于客户端的 Web 应用程序中的事件相比，由 ASP.NET 服务器控件引发事件的工作方式稍有不同。导致差异的主要原因在于事件本身与处理该事件的位置的分离。在基于客户端的应用程序中，在客户端引发和处理事件。但是，在 ASP.NET 网页中，与服务器控件关联的事件在客户端（浏览器）上引发，但由 ASP.NET 页在 Web 服务器上处理。

对于在客户端引发的事件，ASP.NET Web 控件事件模型要求在客户端捕获事件信息，并通过

HTTP POST 将事件消息传输到服务器。网页必须解释该 POST 以确定所发生的事件，然后在要处理该事件的服务器上调用代码中的相应方法。

ASP.NET 处理捕获、传输和解释事件等任务。当用户在 ASP.NET 网页中创建事件处理程序时，通常无须考虑捕获事件信息并使其可用于用户代码的方式。创建事件处理程序的方式与用户在传统的客户端窗体上的创建方式大体相同。

在 Visual Studio 中编辑 ASP.NET 网页时，用户可以通过多种方法创建控件和页的服务器事件处理程序。

1. 为默认事件创建事件处理程序

在"设计"视图中，双击要为其创建默认事件处理程序的页面或控件。

Visual Web Developer 创建默认事件的处理程序，并打开代码编辑器，此时插入点位于事件处理程序中。

2. 在"属性"窗口中创建事件处理程序

① 在"设计"视图中，选择要创建其事件处理程序的控件。
② 在"属性"窗口中，单击事件符号 ∮。"属性"窗口显示所选控件的事件列表。
③ 在事件名称旁边的框中，执行下列操作之一：
- 双击以便为该事件新建事件处理程序。设计器将使用"控件 ID_事件"约定为该处理程序命名。
- 输入要创建的处理程序的名称。
- 在下拉列表中，选择现有处理程序的名称。下拉列表显示一个方法列表，这些方法都具有该事件的正确签名。

完成后，Visual Web Developer 切换到代码编辑器，并将插入点置于处理程序中。

2.4 基本 Web 控件使用

2.4.1 标签控件（Label）

在 Web 应用中，希望显示的文本不能被用户更改，或者当触发事件时，某一段文本能够在运行时更改，则可以使用标签控件（Label）。Label 控件为开发人员提供了一种以编程方式设置 Web 窗体页面中文字和图片的方法。通常，在运行时更改页面上显示的文本，就可以使用 Label 控件。

开发人员可以非常方便地将标签控件拖放到页面，拖放到页面后，该页面将自动生成一段标签控件的声明代码，示例代码如下：

```
<asp:Label ID="lblTest" runat="server" Text="Label"></asp:Label>
```

上述代码中，声明了一个标签控件，并将这个标签控件的 ID 属性设置为默认值 Label1。由于该控件是服务器端控件，所以在控件属性中包含 runat="server"属性。该代码还将标签控件的文本初始化为 Label，开发人员能够配置该属性进行不同文本内容的呈现。

注意：通常情况下，控件的 ID 也应该遵循良好的命名规范，以便维护。

同样，标签控件的属性能够在相应的.cs代码中初始化，示例代码如下：

```
protected void Page_PreInit(object sender, EventArgs e)
{
    lblTest.Text = "Hello World";                              //标签赋值
}
```

上述代码在页面初始化时为Label1的文本属性设置为"Hello World"。值得注意的是，对于Label标签，同样也可以显示HTML样式，示例代码如下：

```
protected void Page_PreInit(object sender, EventArgs e)
{
    lblTest.Text = "Hello World<hr/><span style=\"color:red\">A Html
    Code</span>";
    //输出HTML
    Label1.Font.Size = FontUnit.XXLarge;                       //设置字体大小
}
```

上述代码中，Label1的文本属性被设置为一串HTML代码，当Label文本被呈现时，会以HTML效果显示，运行结果如图2-2所示。

图2-2　Label的Text属性的使用

如果开发人员只是为了显示一般的文本或者HTML效果，不推荐使用Label控件，因为当服务器控件过多时，会导致性能问题。使用静态的HTML文本能够让页面解析速度更快。

2.4.2　超链接控件（HyperLink）

超链接控件相当于实现了HTML代码中的"<a href=""></a>"效果，当然，超链接控件有自己的特点，当拖动一个超链接控件到页面时，系统会自动生成控件声明代码，示例代码如下：

```
<asp:HyperLink ID="HyperLink1" runat="server">HyperLink</asp:HyperLink>
```

上述代码声明了一个超链接控件，相对于HTML代码形式，超链接控件可以通过传递指定的参数来访问不同的页面。当触发了一个事件后，超链接的属性可以被改变。超链接控件通常使用的两个属性如下所示：

① ImageUrl属性：要显示图像的URL。

设置 ImageUrl 属性可以设置这个超链接是以文本形式显示还是以图片文件显示，示例代码如下：

```
<asp:HyperLink ID="HyperLink1" runat="server"
 ImageUrl="http://www.baidu.com/images/pic.jpg">
 HyperLink
</asp:HyperLink>
```

上述代码将文本形式显示的超链接变为了图片形式的超链接，虽然表现形式不同，但是不管是图片形式还是文本形式，全都实现相同的效果。

② NavigateUrl 属性：要跳转的 URL。

NavigateUrl 属性可以为无论是文本形式还是图片形式的超链接设置超链接属性，即即将跳转的页面，示例代码如下：

```
<asp:HyperLink ID="HyperLink1" runat="server"
     ImageUrl=" http://www.baidu.com/images/pic.jpg "
  NavigateUrl="http://www.baidu.com">
  HyperLink
</asp:HyperLink>
```

上述代码使用了图片超链接的形式。其中图片来自"http://www.baidu.com/images/pic.jpg"，当单击此超链接控件后，浏览器将跳到 URL 为"http://www.baidu.com"的页面。

2.4.3 图像控件（Image）

图像控件用来在 Web 窗体中显示图像，图像控件常用的属性如下：
① AlternateText：在图像无法显示时显示的备用文本。
② ImageAlign：图像的对齐方式。
③ ImageUrl：要显示图像的 URL。

当图片无法显示的时候，图片将被替换成 AlternateText 属性中的文字，ImageAlign 属性用来控制图片的对齐方式，而 ImageUrl 属性用来设置图像链接地址。同样，HTML 中也可以使用<img src="" alt="">来替代图像控件，图像控件具有可控性的优点，就是通过编程来控制图像控件，图像控件基本声明代码如下：

```
<asp:Image ID="Image1" runat="server" />
```

除了显示图形以外，Image 控件的其他属性还允许为图像指定各种文本，各属性如下：
① ToolTip：浏览器显示在工具提示中的文本。
② GenerateEmptyAlternateText：如果将此属性设置为 true，则呈现的图片的 alt 属性将设置为空。

开发人员能够为 Image 控件配置相应的属性以便在浏览时呈现不同的样式，创建一个 Image 控件也可以直接通过编写 HTML 代码进行呈现，示例代码如下：

```
<asp:Image ID="Image1" runat="server"
AlternateText="图片链接失效" ImageUrl=" http://www.baidu.com/images/pic.jpg " />
```

上述代码设置了一个图片，并当图片失效的时候提示图片链接失效。

注意：当双击图像控件时，系统并没有生成事件所需要的代码段，这说明 Image 控件不支持任何事件。

2.4.4 文本框控件（TextBox）

在 Web 开发中，Web 应用程序通常需要和用户进行交互，如用户注册、登录、发帖等，那么就需要文本框控件（TextBox）来接收用户输入的信息。开发人员还可以使用文本框控件制作高级的文本编辑器用于 HTML，以及文本的输入/输出。

通常情况下，默认的文本控件（TextBox）是一个单行的文本框，用户只能在文本框中输入一行内容。通过修改该属性，可以将文本框设置为多行或者以密码形式显示，文本框控件常用的控件属性如下：

AutoPostBack：在文本修改以后，是否自动重传。

Columns：文本框的宽度。

EnableViewState：控件是否自动保存其状态以用于往返过程。

MaxLength：用户输入的最大字符数。

ReadOnly：是否为只读。

Rows：作为多行文本框时所显示的行数。

TextMode：文本框的模式，设置单行、多行或者密码。

Wrap：文本框是否换行。

AutoPostBack：自动回传属性。

Enable：是否可用。

在网页的交互中，如果用户提交了表单，或者执行了相应的方法，那么该页面将会发送到服务器上，服务器将执行表单的操作或者执行相应方法后，再呈现给用户，如按钮控件、下拉菜单控件等。如果将某个控件的 AutoPostBack 属性设置为 true，则如果该控件的属性被修改，那么同样会使页面自动发回到服务器。

EnableViewState（控件状态）属性：ViewState 是 ASP.NET 中用来保存 Web 控件回传状态的一种机制，它是由 ASP.NET 页面框架管理的一个隐藏字段。在回传发生时，ViewState 数据同样将回传到服务器，ASP.NET 框架解析 ViewState 字符串并为页面中的各个控件填充该属性。而填充后，控件通过使用 ViewState 将数据重新恢复到以前的状态。

在使用某些特殊的控件时，如使用数据库控件显示数据库中的数据。每次打开页面执行一次数据库往返过程是非常不明智的。开发人员可以绑定数据，在加载页面时仅对页面设置一次，在后续的回传中，控件将自动从 ViewState 中重新填充，减少了数据库的往返次数，从而不使用过多的服务器资源。在默认情况下，EnableViewState 的属性值通常为 true。

上面的这个属性是比较重要的属性，其他的属性也经常使用。

MaxLength：在注册时可以限制用户输入的字符串长度。常用于限制字符的长度，如不少网站要求注册的账号不超过 10 位，密码不超过 16 位，QQ 密码最长也是限制在 16 位。

ReadOnly：只读属性，如果将此属性设置为 true，那么文本框内的值是无法被修改的。

TextMode：此属性可以设置文本框的模式，如单行、多行和密码形式。默认情况下，不设置 TextMode 属性，那么文本框默认为单行。多行用于需要填写较多内容，如文章的标题多用单行，文章的内容用多行，而密码形式主要用于显示密码或密码提示答案等。

在默认情况下，文本框为单行类型，同时文本框模式也包括多行和密码，示例代码如下：

```
<asp:TextBox ID="txtTest1" runat="server"></asp:TextBox>
<br/>
<br/>
<asp:TextBox ID=" txtTest2" runat="server" Height="101px" TextMode="MultiLine"
    Width="325px"></asp:TextBox>
<br/>
<br/>
<asp:TextBox ID=" txtTest3" runat="server" TextMode="Password"></asp:TextBox>
```

上述代码演示了三种文本框的使用方法，代码运行后的结果如图 2-3 所示。

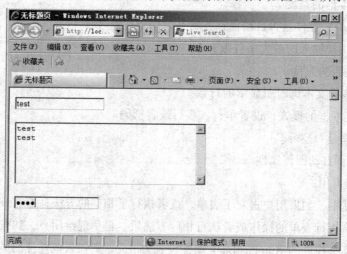

图 2-3 文本框的三种形式

文本框无论是在 Web 应用程序开发还是 Windows 应用程序开发中都是非常重要的。文本框在用户交互中能够起到非常重要的作用。在文本框的使用中，通常需要获取用户在文本框中输入的值或者检查文本框属性是否被改写。当获取用户的值的时候，必须通过一段代码来控制。文本框控件 HTML 页面示例代码如下：

```
<form id="form1" runat="server">
  <div>
    <asp:Label ID="lblTest" runat="server" Text="Label"></asp:Label>
    <br/>
    <asp:TextBox ID="txtTest" runat="server"></asp:TextBox>
    <br/>
    <asp:Button ID="btnTest" runat="server" onclick=" btnTest_Click" Text=
"Button" />
    <br/>
```

第 2 章　ASP.NET Web 表单——使用 Web 控件设计页面

```
        </div>
    </form>
```

上述代码声明了一个文本框控件和一个按钮控件，当用户单击按钮控件时，就需要实现标签控件的文本改变。为了实现相应的效果，可以通过编写 cs 文件代码进行逻辑处理，示例代码如下：

```
public partial class _Default : System.Web.UI.Page
{
    protected void Page_Load(object sender, EventArgs e)//页面加载时触发
    {
    }
    protected void btnTest_Click(object sender, EventArgs e)
    //双击按钮时触发的事件
    {
        lblTest.Text = txtTest.Text;        //标签控件的值等于文本框中控件的值
    }
}
```

上述代码中，当双击按钮时，就会触发一个按钮事件，这个事件就是将文本框内的值赋值到标签内，运行结果如图 2-4 所示。

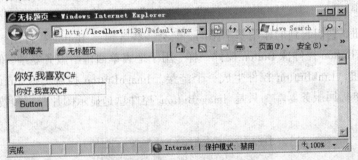

图 2-4　文本框控件的使用

同样，双击文本框控件，会触发 TextChanged 事件。而运行时，当文本框控件中的字符变化后，并没有自动回传，是因为默认情况下，文本框的 AutoPostBack 属性被设置为 false。当 AutoPostBack 属性被设置为 true 时，文本框的属性变化，则会发生回传，示例代码如下：

```
protected void txtTest_TextChanged(object sender, EventArgs e) //文本框事件
{
    lblTest.Text = txtTest.Text;                              //控件相互赋值
}
```

上述代码中，为 txtTest 添加了 TextChanged 事件。在 TextChanged 事件中，并不是每一次文本框的内容发生了变化之后，都会重传到服务器，这一点和 WinForm 是不同的，因为这样会大大地降低页面的刷新效率。而当用户将文本框中的焦点移出导致 TextBox 失去焦点时，才会发生重传。

2.4.5　按钮控件（Button，LinkButton，ImageButton）

在 Web 应用程序和用户交互时，常常需要提交表单、获取表单信息等操作。在这期间，按钮控件是非常必要的。按钮控件能够触发事件，或者将网页中的信息回传给服务器。在 ASP.NET 中，

包含三类按钮控件，分别为 Button、LinkButton、ImageButton。

1. 按钮控件的通用属性

按钮控件用于事件的提交。按钮控件包含一些通用属性，按钮控件的通用属性包括：

Causes Validation：按钮是否导致激发验证检查。

CommandArgument：与此按钮关联的命令参数。

CommandName：与此按钮关联的命令。

ValidationGroup：使用该属性可以指定单击按钮时调用页面上的哪些验证程序。如果未建立任何验证组，则会调用页面上的所有验证程序。

Name：按钮的名字，当页面有多个按钮时，可以区分开来。

下面的语句声明了三种按钮，示例代码如下：

```
<asp:Button ID="btnTest1" runat="server" Text="Button" />    //普通的按钮
<br/>
<asp:LinkButton ID="lbtnTest2" runat="server">LinkButton</asp:LinkButton>
                                                             //Link 类型的按钮
<br/>
<asp:ImageButton ID="imgBtnTest3" runat="server" />          //图像类型的按钮
```

对于三种按钮，它们起到的作用基本相同，但有一些区别：Button 控件用来向服务器端提交表单的按钮，LinkButton 控件像 Button 控件一样，用于把表单回传给服务器端。但是，不像 Button 控件生成一个按钮，LinkButton 控件生成一个链接。ImageButton 控件类似 Button 和 LinkButton 控件，用于把表单传回服务器端。只是 ImageButton 控件总是显示图片。三种按钮类型运行结果如图 2-5 所示。

图 2-5　三种按钮类型

2. Click 单击事件

这三种按钮控件对应的事件通常是 Click 单击和 Command 命令事件。在 Click 单击事件中，通常用于编写用户单击按钮时所需要执行的事件，示例代码如下：

```
protected void btnTest1_Click(object sender, EventArgs e)
{
    lblShow.Text = "普通按钮被触发";                         //输出信息
}
```

```
protected void lbtnTest2_Click(object sender, EventArgs e)
{
    lblShow.Text = "链接按钮被触发";                              //输出信息
}
protected void imgBtnTest3_Click(object sender, ImageClickEventArgs e)
{
    lblShow.Text = "图片按钮被触发";                              //输出信息
}
```

上述代码分别为三种按钮生成了事件,其代码都是将 Label 控件 lblShow 的文本设置为相应的文本,运行结果如图 2-6 所示。

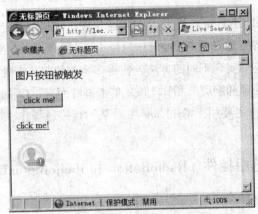

图 2-6 三种按钮的 Click 事件

3. Command 命令事件

按钮控件中,Click 事件并不能传递参数,所以处理的事件相对简单。而 Command 事件可以传递参数,负责传递参数的是按钮控件的 CommandArgument 和 CommandName 属性,如图 2-7 所示。

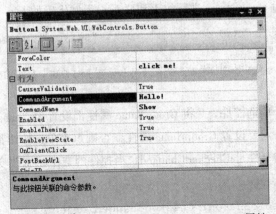

图 2-7 CommandArgument 和 CommandName 属性

将 CommandArgument 和 CommandName 属性分别设置为 Hello!和 Show,单击 创建一个 Command 事件并在事件中编写相应代码,示例代码如下:

```
protected void Button1_Command(object sender, CommandEventArgs e)
{
    if(e.CommandName == "Show")
    //如果 CommandNmae 属性的值为 Show,则运行下面代码
    {
            Label1.Text = e.CommandArgument.ToString();
            //CommandArgument 属性的值赋值给 Label1
    }
}
```

注意：当按钮同时包含 Click 和 Command 事件时，通常情况下会执行 Command 事件。

Command 有一些 Click 不具备的优点，如传递参数。可以对按钮的 CommandArgument 和 CommandName 属性分别设置，通过判断 CommandArgument 和 CommandName 属性来执行相应的方法。这样一个按钮控件就能够实现不同的方法，使得多个按钮与一个处理代码关联或者一个按钮根据不同的值进行不同的处理和响应。相比 Click 单击事件而言，Command 命令事件具有更高的可控性。Command 命令事件主要用于 Gridview 中对某一行进行操作，因为需要传递一行数据的主键。

2.4.6 单选控件和单选组控件（RadioButton 和 RadioButtonList）

1. 单选控件（RadioButton）

单选控件可以为用户选择某一个选项，单选控件常用属性如下：

Checked：控件是否被选中。

GroupName：单选控件所处的组名。

TextAlign：文本标签相对于控件的对齐方式。

单选控件通常需要 Checked 属性来判断某个选项是否被选中，多个单选控件之间可能存在着某些联系，这些联系通过 GroupName 进行约束和联系，示例代码如下：

```
<asp:RadioButton ID="RadioButton1" runat="server" GroupName="choose"
   Text="Choose1" />
<asp:RadioButton ID="RadioButton2" runat="server" GroupName="choose"
   Text="Choose2" />
```

上述代码声明了两个单选控件，并将 GroupName 属性都设置为"choose"。需特别注意：在页面有多个单选按钮时，一定要设置 GroupName 属性，否则每个单选按钮都可以选择。

单选控件中最常用的事件是 CheckedChanged，当控件的选中状态改变时，则触发该事件，示例代码如下：

```
protected void RadioButton1_CheckedChanged(object sender, EventArgs e)
{
    lblChoose.Text = "第一个被选中";
}
protected void RadioButton2_CheckedChanged(object sender, EventArgs e)
```

```
{
    lblChoose.Text = "第二个被选中";
}
```

上述代码中,当选中控件的状态被改变时,则触发相应的事件,运行结果如图 2-8 所示。

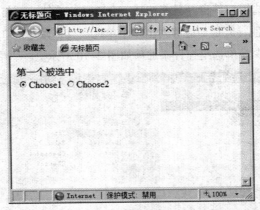

图 2-8 单选控件的使用

单选控件在选择题中应用中较多,示例代码如下:

```
<div>
    地球是什么形状的<br/>
    <asp:RadioButton ID="RadioButton1" runat="server" GroupName="1" Text="圆形的" />
    <br/>
    <asp:RadioButton ID="RadioButton2" runat="server" GroupName="1" Text="椭圆形的" />
    <br/>
    <asp:RadioButton ID="RadioButton3" runat="server" GroupName="1" Text="方形的" />
    <br/>
    <asp:RadioButton ID="RadioButton4" runat="server" GroupName="1" Text="三角形的" />
    <br/>
    <asp:Button ID="Button1" runat="server" Text="回答" />
    <asp:Label ID="Label1" runat="server"></asp:Label>
</div>
```

当单击按钮时,根据选择的不同选项,来提示用户是否回答正确,相关代码如下:

```
protected void Button1_Click(object sender, EventArgs e)
    {
        if(RadioButton2.Checked)
            Label1.Text = "回答正确";
        else
            Label1.Text = "回答错误";
    }
```

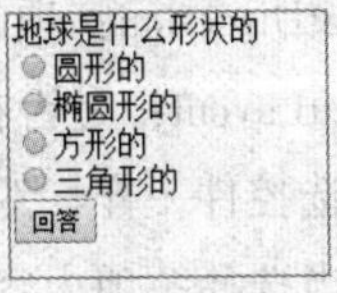

运行结果如图 2-9 所示。

图 2-9 单选控件在选择题中的应用

与 TextBox 文本框控件相同的是，单选控件不会自动进行页面回传，必须将 AutoPostBack 属性设置为 true，才能在焦点丢失时触发相应的 CheckedChanged 事件。

2．单选组控件（RadioButtonList）

与单选控件相同，单选组控件也是只能选择一个项目的控件，而与单选控件不同的是，单选组控件没有 GroupName 属性，但是却能够列出多个单选项目。另外，单选组控件所生成的代码也比单选控件实现的相对较少。单选组控件添加项如图 2-10 所示。

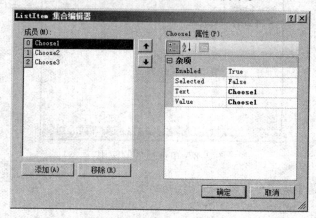

图 2-10　单选组控件添加项

添加项目后，系统自动在.aspx 页面声明服务器控件代码，代码如下所示：

```
<asp:RadioButtonList ID="RadioButtonList1" runat="server">
    <asp:ListItem>Choose1</asp:ListItem>
    <asp:ListItem>Choose2</asp:ListItem>
    <asp:ListItem>Choose3</asp:ListItem>
</asp:RadioButtonList>
```

上述代码使用了单选组控件进行单选功能的实现，单选组控件还包括一些属性用于样式和重复的配置。单选组控件的常用属性如下所示：

DataMember：在数据集用作数据源时做数据绑定。

DataSource：向列表填入项时所使用的数据源。

DataTextFiled：提供项文本的数据源中的字段。

DataTextFormat：应用于文本字段的格式。

DataValueFiled：数据源中提供项值的字段。

Items：列表中项的集合。

RepeatColumn：用于布局项的列数。

RepeatDirection：项的布局方向。

RepeatLayout：是否在某个表或者流中重复。

同单选控件一样，双击单选组控件时系统会自动生成该事件的声明，同样可以在该事件中确定代码。当选择一项内容时，提示用户所选择的内容，示例代码如下：

```
protected void RadioButtonList1_SelectedIndexChanged(object sender,
EventArgs e)
{
    Label1.Text = RadioButtonList1.Text;        //文本标签段的值等于选择的控件的值
}
```

2.4.7 复选框控件和复选组控件（CheckBox 和 CheckBoxList）

当一个投票系统需要用户能够选择多个选择项时，则单选控件就不符合要求了。ASP.NET 提供了复选框控件和复选组控件来满足多选的要求。复选框控件和复选组控件同单选控件和单选组控件一样，都是通过 Checked 属性来判断是否被选择。

1．复选框控件（CheckBox）

同单选控件一样，复选框也是通过 Checked 属性判断是否被选择，而不同的是，复选框控件没有 GroupName 属性，示例代码如下：

```
<asp:CheckBox ID="CheckBox1" runat="server" Text="Check1" AutoPostBack="true" />
<asp:CheckBox ID="CheckBox2" runat="server" Text="Check2" AutoPostBack="true"/>
```

上述代码中声明了两个复选框控件。对于复选框控件，并没有支持的 GroupName 属性，当双击复选框控件时，系统会自动生成方法。当复选框控件的选中状态被改变后，会激发该事件。示例代码如下：

```
protected void CheckBox1_CheckedChanged(object sender, EventArgs e)
{
    Label1.Text = "选框1被选中";                //当选框1被选中时
}
protected void CheckBox2_CheckedChanged(object sender, EventArgs e)
{
    Label1.Text = "选框2被选中,并且字体变大";   //当选框2被选中时
    Label1.Font.Size = FontUnit.XXLarge;
}
```

上述代码分别为两个选框设置了事件，设置了当选择选框 1 时，则文本标签输出"选框 1 被选中"，如图 2-11 所示。

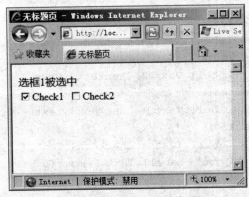

图 2-11 复选框控件的使用 1

当选择选框 2 时，则输出"选框 2 被选中，并且字体变大"，运行结果如图 2-12 所示。

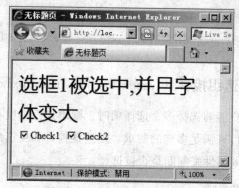

图 2-12 复选框控件的使用 2

复选框除了上述用途外，还经常用于网上调查，如调查用户的兴趣，用户喜欢哪些颜色，用户喜欢哪些电视节目等。示例代码如下：

```
<div>
    你的爱好是:<br/>
    <asp:CheckBox ID="CheckBox1" runat="server" Text="打游戏" />
    <br/>
    <asp:CheckBox ID="CheckBox2" runat="server" Text="看电视" />
    <br/>
    <asp:CheckBox ID="CheckBox3" runat="server" Text="看小说" />
    <br/>
    <asp:CheckBox ID="CheckBox4" runat="server" Text="打球" />
    <br/>
    <asp:Button ID="Button1" runat="server" onclick="Button1_Click" Text="提交" />
    <asp:Label ID="Label1" runat="server"></asp:Label>
</div>
```

在用户单击按钮时，会显示其选择的爱好，相关代码如下：

```
protected void Button1_Click(object sender, EventArgs e)
{
    if(CheckBox1.Checked)
        Label1.Text = Label1.Text + CheckBox1.Text + ",";
    if(CheckBox2.Checked)
        Label1.Text = Label1.Text + CheckBox2.Text + ",";
    if(CheckBox3.Checked)
        Label1.Text = Label1.Text + CheckBox3.Text + ",";
    if(CheckBox4.Checked)
        Label1.Text = Label1.Text + CheckBox4.Text + ",";
    Label1.Text ="你的爱好是"+ Label1.Text.Remove(Label1.Text.Length - 1) + "。";
}
```

运行结果如图 2-13 所示。

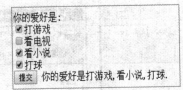

图 2-13 复选框控件在调查问卷中的应用

对于复选框而言，用户可以在复选框控件中选择多个选项，所以就没有必要为复选框控件进行分组。在单选控件中，相同组名的控件只能选择一项用于约束多个单选框中的选项，而复选框就没有约束的必要。

2．复选组控件（CheckBoxList）

同单选组控件相同，为了方便复选控件的使用，.NET 服务器控件中同样包括了复选组控件，拖动一个复选组控件到页面可以同单选组控件一样添加复选组列表。添加在页面后，同样增加了 3 个项目提供给用户选择，复选组控件最常用的是 SelectedIndexChanged 事件。系统生成代码如下：

```
<asp:CheckBoxList ID="CheckBoxList1" runat="server" AutoPostBack="True"
    onselectedindexchanged="CheckBoxList1_SelectedIndexChanged">
    <asp:ListItem Value="Choose1">Choose1</asp:ListItem>
    <asp:ListItem Value="Choose2">Choose2</asp:ListItem>
    <asp:ListItem Value="Choose3">Choose3</asp:ListItem>
</asp:CheckBoxList>
```

当控件中某项的选中状态被改变时，则会触发该事件。示例代码如下：

```
protected void CheckBoxList1_SelectedIndexChanged(object sender, EventArgs e)
{
    if(CheckBoxList1.Items[0].Selected)           //判断某项是否被选中
    {
        Label1.Font.Size = FontUnit.XXLarge;      //更改字体大小
    }
    if(CheckBoxList1.Items[1].Selected)           //判断是否被选中
    {
        Label1.Font.Size = FontUnit.XLarge;       //更改字体大小
    }
    if(CheckBoxList1.Items[2].Selected)
    {
        Label1.Font.Size = FontUnit.XSmall;
    }
}
```

代码中的 CheckBoxList1.Items[0].Selected 是用来判断某项是否被选中，其中 Item 数组是复选组控件中项目的集合，其中 Items[0]是复选组中的第一个项目。上述代码用来修改字体的大小，当用户选择不同的选项时，Label 标签的字体的大小会随之改变，运行结果如图 2-14 和图 2-15 所示。

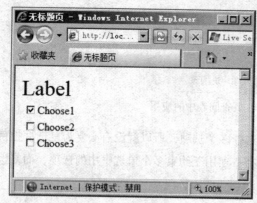
图 2-14　选择大号字体

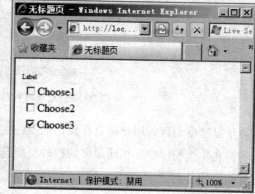
图 2-15　选择小号字体

注意：复选组控件与单选组控件不同的是，不能够直接获取复选组控件某个选中项目的值，因为复选组控件返回的是第一个选择项的返回值，只能够通过 Item 集合来获取选择某个或多个选中的项目值。

2.4.8　列表控件（ListBox）

相对于 DropDownList 控件而言，ListBox 控件可以指定用户是否允许多项选择。设置 SelectionMode 属性为 Single 时，表明只允许用户从列表框中选择一个项目，而当 SelectionMode 属性的值为 Multiple 时，用户可以按住【Ctrl】键或者使用【Shift】键从列表中选择多个数据项。

当创建一个 ListBox 控件后，开发人员能够在控件中添加所需的项目，添加完成后示例代码如下：

```
<asp:ListBox ID="ListBox1" runat="server" Width="137px" AutoPostBack="True">
    <asp:ListItem>1</asp:ListItem>
    <asp:ListItem>2</asp:ListItem>
    <asp:ListItem>3</asp:ListItem>
    <asp:ListItem>4</asp:ListItem>
    <asp:ListItem>5</asp:ListItem>
    <asp:ListItem>6</asp:ListItem>
</asp:ListBox>
```

从结构上看，ListBox 控件的 HTML 样式代码和 DropDownList 控件十分相似。同样，SelectedIndexChanged 也是 ListBox 控件中最常用的事件，双击 ListBox 控件，系统会自动生成相应的代码。同样，开发人员可以为 ListBox 控件中的选项改变后的事件做编程处理，示例代码如下：

```
protected void ListBox1_SelectedIndexChanged(object sender, EventArgs e)
{
    Label1.Text = "你选择了第" + ListBox1.Text + "项";
}
```

上述代码中，当ListBox控件选择项发生改变后，该事件就会被触发并修改相应Label标签中的文本，如图2-16所示。

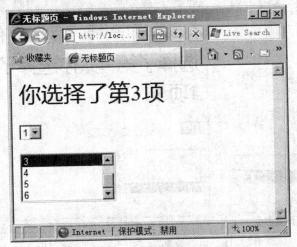

图 2-16 ListBox 控件的应用

上面的程序同样实现了 DropDownList 中程序的效果。不同的是，如果需要实现让用户选择多个 ListBox 项，只需要设置 SelectionMode 属性为"Multiple"即可，如图2-17所示。

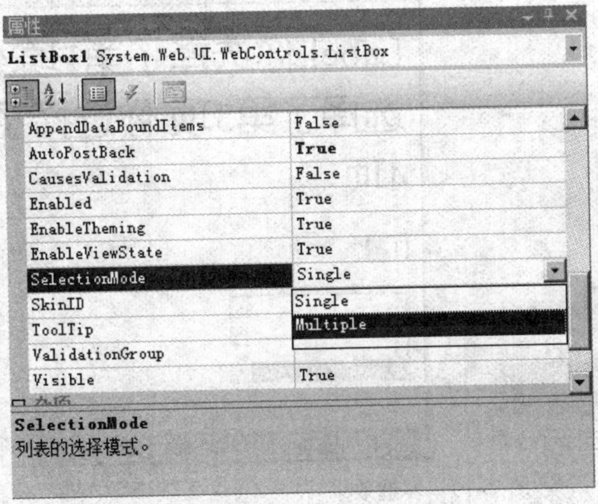

图 2-17 设置 SelectionMode 属性

当设置了 SelectionMode 属性后，用户可以按住【Ctrl】键或者使用【Shift】键选择多项。同样，开发人员也可以编写处理选择多项时的事件，示例代码如下：

```
protected void ListBox1_SelectedIndexChanged1(object sender, EventArgs e)
{
    Label1.Text += ",你选择了第" + ListBox1.Text + "项";
}
```

上述代码使用了"+="运算符，在触发 SelectedIndexChanged 事件后，应用程序将为 Label1 标签赋值，如图2-18所示。当用户每选一项的时候，就会触发该事件，如图2-19所示。

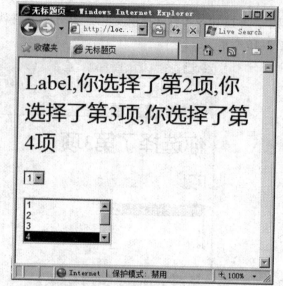

图 2-18　单选效果

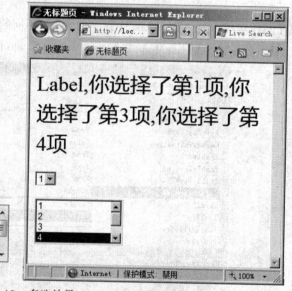

图 2-19　多选效果

从运行结果可以看出，当单选时，选择项返回值和选择的项相同，而当选择多项的时候，返回值同第一项相同。所以，在选择多项时，也需要使用 Item 集合获取和遍历多个项目。

在网站的后台，开发人员经常需要把一个 listbox 中的内容移到另一个 listbox 中，示例代码如下：

```
<asp:ListBox ID="ListBox1" runat="server" Height="174px"
        style="margin-right: 0px" Width="149px">
        <asp:ListItem>赤</asp:ListItem>
        <asp:ListItem>橙</asp:ListItem>
        <asp:ListItem>黄</asp:ListItem>
        <asp:ListItem>绿</asp:ListItem>
        <asp:ListItem>青</asp:ListItem>
```

```
            <asp:ListItem>蓝</asp:ListItem>
            <asp:ListItem>紫</asp:ListItem>
        </asp:ListBox>
        <asp:ListBox ID="ListBox2" runat="server" Height="171px"
            style="margin-top: 0px" Width="166px">
            <asp:ListItem>1</asp:ListItem>
            <asp:ListItem>2</asp:ListItem>
            <asp:ListItem>3</asp:ListItem>
            <asp:ListItem>4</asp:ListItem>
            <asp:ListItem>5</asp:ListItem>
            <asp:ListItem>6</asp:ListItem>
            <asp:ListItem>7</asp:ListItem>
        </asp:ListBox>
        <br/>
        <asp:Button ID="Button1" runat="server" onclick="Button1_Click" Text="
单个右移" />
        <asp:Button ID="Button2" runat="server" onclick="Button2_Click" Text="
单个左移" />
        <asp:Button ID="Button3" runat="server" onclick="Button3_Click" Text="
全部右移" />
        <asp:Button ID="Button4" runat="server" onclick="Button4_Click" Text="
全部左移" />
        <br/>
```

当单击第一个按钮时，会把第一个列表框中选中的项移到第二个列表框中；当单击第二个按钮时，会把第二个列表框中选中的项移到第一个列表框中；当单击第三个按钮时，会把第一个列表框中所有的项移到第二个列表框中；当单击第四个按钮时，会把第二个列表框中的所有项移到第一个列表框中，相关代码如下：

```
protected void Button1_Click(object sender, EventArgs e)
{
    if(ListBox1.Text != "")
    {
        ListBox2.Items.Add(ListBox1.Text);
        ListBox1.Items.Remove(ListBox1.Text);
    }
}
protected void Button2_Click(object sender, EventArgs e)
{
    if(ListBox2.Text != "")
    {
        ListBox1.Items.Add(ListBox2.Text);
        ListBox2.Items.Remove(ListBox2.Text);
    }
}
protected void Button3_Click(object sender, EventArgs e)
{
    int i;
```

```
    for(i=0; i<ListBox1.Items.Count;i++)
        ListBox2.Items.Add(ListBox1.Items[i]);
    ListBox1.Items.Clear();
}
protected void Button4_Click(object sender, EventArgs e)
{
    int i;
    for(i=0; i<ListBox2.Items.Count; i++)
        ListBox1.Items.Add(ListBox2.Items[i]);
    ListBox2.Items.Clear();
}
```

运行结果如图 2-20 所示。

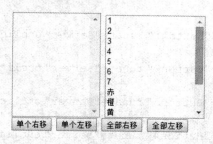

图 2-20　移动效果

2.4.9　下拉列表控件（DropDownList）

下拉列表控件能在一个控件中为用户提供多个选项，同时又能够避免用户输入错误的选项。例如，在用户注册时，可以选择性别，是男或者女，就可以使用 DropDownList 下拉列表控件，同时又避免了用户输入其他的信息。因为性别除了男就是女，输入其他的信息说明这个信息是错误或者是无效的。DropDownList 控件的常用属性：

AutoPostBack：设定是否响应 OnSelectedIndexChanged 事件。

Items：返回 Dropdownlist 控件中 ListItem 对象。

SelectedIndex：返回被选取到 Listitem 的 index 值。

SelectedItems 返回选取的 ListItem 对象，SelectdeItems 包括 Text 和 Value，其中 Text 是指显示的值，而 Value 是指存的值。例如，专业用 DropDownList 控件，其中显示的值是专业名称，存的值是专业代码。

下列语句创建了一个 DropDownList 列表控件，并手动增加了列表项，示例代码如下：

```
<asp:DropDownList ID="DropDownList1" runat="server">
    <asp:ListItem>1</asp:ListItem>
    <asp:ListItem>2</asp:ListItem>
    <asp:ListItem>3</asp:ListItem>
    <asp:ListItem>4</asp:ListItem>
    <asp:ListItem>5</asp:ListItem>
    <asp:ListItem>6</asp:ListItem>
    <asp:ListItem>7</asp:ListItem>
```

```
</asp:DropDownList>
```

同时 DropDownList 列表控件也可以绑定数据源控件。DropDownList 列表控件最常用的事件是 SelectedIndexChanged，当 DropDownList 列表控件选择项发生变化时，则会触发该事件，示例代码如下：

```
protected void DropDownList1_SelectedIndexChanged1(object sender, EventArgs e)
{
    Label1.Text = "你选择了第" + DropDownList1.Text + "项";
}
```

当用户在 DropDownList 控件中进行选择时，系统将会更改 Label1 中的文本，如图 2-21 和图 2-22 所示。

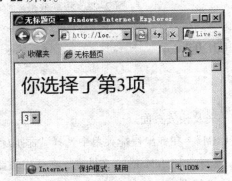
图 2-21　选择第 3 项

图 2-22　选择第 1 项

当用户选择相应的项目时，就会触发 SelectedIndexChanged 事件，开发人员可以通过捕捉相应的用户选中的控件进行编程处理，这里就捕捉了用户选择的数字进行字体大小的更改。

DropDownList 控件还经常用于下拉列表框的级联，例如，选择了计算机学院，则显示软件技术、软件测试等专业，选择了商学院，则显示物流管理、商务英语等专业。示例代码如下：

```
<div>
    学院
    <asp:DropDownList ID="DropDownList1" runat="server" AutoPostBack="True"
        onselectedindexchanged="DropDownList1_SelectedIndexChanged">
        <asp:ListItem>计算机学院</asp:ListItem>
        <asp:ListItem>商学院</asp:ListItem>
    </asp:DropDownList>
    专业
    <asp:DropDownList ID="DropDownList2" runat="server">
    </asp:DropDownList>
</div>
```

当第一个下拉列表框选择的是计算机学院时，第二个下拉列表框显示软件技术等专业；当第一个下拉列表框选择的是商学院时，第二个下拉列表框显示的是物流管理等专业。相关代码如下：

```
protected void DropDownList1_SelectedIndexChanged(object sender, EventArgs e)
{
    DropDownList2.Items.Clear();
    if(DropDownList1.Text == "计算机学院")
```

```
        {
            DropDownList2.Items.Add("软件技术");
            DropDownList2.Items.Add("软件测试");
            DropDownList2.Items.Add("计算机网络");
        }
        if(DropDownList1.Text == "商学院")
        {
            DropDownList2.Items.Add("物流管理");
            DropDownList2.Items.Add("商务英语");
            DropDownList2.Items.Add("市场营销");
        }
```

运行结果如图 2-23 所示。

图 2-23 级联效果

2.5 设 计 页 面

2.5.1 创建添加销售机会功能页面

为了添加新的销售机会，系统需要添加对应的文件夹及相关页面。

打开"解决方案资源管理器"，右击 Web 项目"CRM"，在弹出快捷菜单中选择"添加/新建文件夹"菜单项，给新建的文件夹命名为"SaleManage"；右击 SaleManage 文件夹，在弹出快捷菜单中选择"添加/新建项"菜单项，在弹出的对话框中，选择"Web 窗体"选项，输入页面名称为"CreateChance.aspx"，设置此页为起始页，添加完毕后如图 2-24 所示。

图 2-24 创建添加销售机会功能页面

2.5.2 设计添加销售机会页面

为了添加新的销售机会，系统需要使用 Web 服务器控件来设计添加销售机会功能页面。

打开 Web 项目"CRM"的文件夹"SaleManage"下的页面"CreateChance.aspx"，切换到"设计"视图，使用 Table 进行布局，添加 Web 服务器控件 Label 标签、TextBox 文本框及 LinkButton 按钮到页面设计添加销售机会页面，添加完毕后如图 2-25 所示。

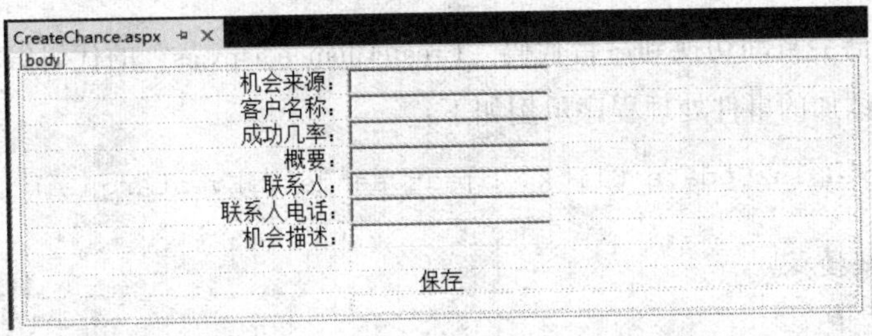

第 2 章 ASP.NET Web 表单——使用 Web 控件设计页面

图 2-25 设计添加销售机会页面

在 Web 页面中各个 Web 服务器控件的属性设置如表 2-6 所示。

表 2-6 设置控件属性

对象	属性	属性值	对象	属性	属性值
Label1	Text	新建销售机会	TextBox1	ID	txtChanceSource
Label2	Text	机会来源：	TextBox2	ID	txtChanceCustomerName
Label3	Text	客户名称：	TextBox3	ID	txtChanceRate
Label4	Text	成功几率：	TextBox4	ID	txtChanceTitle
Label5	Text	概要：	TextBox5	ID	txtChanceLinkMan
Label6	Text	联系人：	TextBox6	ID	txtChanceTelephone
Label7	Text	联系人电话：	TextBox7	ID	txtChanceDescription
Label8	Text	机会描述：	LinkButton	ID	lnkUpdate
				Text	保存

2.5.3 启动添加销售机会功能

为了启动添加销售机会功能，系统需要为 Web 服务器控件添加事件处理程序。

打开 Web 项目 "CRM" 的文件夹 "SaleManage" 下的页面 "CreateChance.aspx"，在"设计"视图中，选择 LinkButton 按钮控件"保存"。在"属性"窗口中，单击事件符号，"属性"窗口显示所选控件的事件列表，选中事件"Click"，双击为该事件新建事件处理程序，设计器将使用"控件 ID_事件"约定为该事件处理程序命名"lnkUpdate_Click"，如图 2-26 所示。

图 2-26 添加事件处理程序

完成后，设计器会自动切换到后台代码"CreateChance.aspx.cs"的代码编辑器，并将插入点置于处理程序中。添加的事件处理程序示例如下：

```
protected void lnkUpdate_Click(object sender, EventArgs e)
{
        //代码插入点
}
```

小　　结

本章讲解了如何应用 ASP.NET 4 的工作模型实现动态页面，使用 HTML 控件与 Web 服务器控件设计 Web 页面，以及 Web 服务器控件的事件模型。

作　　业

熟练使用常用的 Web 服务器控件设计 Web 页面。

实训 2——实现营销管理模块中的 Web 页面

实训目标

完成本实训后，能够：
① 添加并设计修改销售机会功能页面；
② 创建 Web 页面；
③ 使用 Web 服务器控件；
④ 实现 Web 服务器控件的事件处理。

实训场景

东升客户关系管理系统需要完成对"修改销售机会功能页面"的创建，在项目中添加新的文件夹及 Web 页面"SaleManage/EditSaleChance.aspx"，使用 Web 服务器控件设计该页面，并创建事件处理程序，单击"保存"链接按钮，则执行对应的事件处理程序。

实训步骤

1. 创建修改销售机会功能页面

在 Web 项目中的文件夹"SaleManage"下新建修改销售机会功能页面为"EditSaleChance.aspx"，如图 2-27 所示。

第 2 章 ASP.NET Web 表单——使用 Web 控件设计页面

图 2-27 新建修改销售机会功能页面

2. 设计修改销售机会功能页面

使用 Web 服务器控件来设计修改销售机会功能页面，如图 2-28 所示。

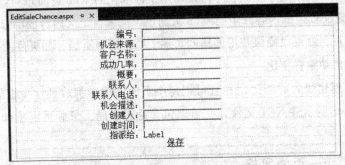

图 2-28 设计修改销售机会功能页面

3. 启动修改销售机会功能

为页面"EditSaleChance.aspx"中的 LinkButton 控件"保存"添加 Click 事件，创建事件处理程序"lnkUpdate_Click"，如图 2-29 所示。

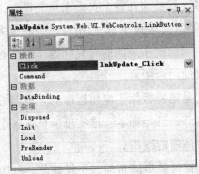

图 2-29 为 LinkButton 控件"保存"添加 Click 事件

第 3 章　母版页和站点导航——统一设计系统的页面风格

3.1 使用母版页技术统一客户关系管理系统的页面风格

3.1.1 什么是母版页

母版页是 ASP.NET 的一个特性，它专门设计用于标准化的 Web 页面布局。母版页是一个 Web 页面模板，它可以定义固定的内容并声明 Web 页面里可插入自定义内容的部分。如果在整个网站中使用同一个母版页，就可以确保获得同样的布局。应用母版页后，如果修改了它的定义，所有使用它的页面也会自动跟着变化。

母版页可用来创建统一的框架，并且可把每个页面的内容都放到这个框架中。母版页是一个以.master 为扩展名的 ASP.NET 文件，它可以包含静态布局，母版页由特殊的@Master 指令识别。

3.1.2 为什么要统一页面风格

目前，大多数 Web 站点在整个应用程序或应用程序的大多数页面中都有一些公共元素。在没有母版页以前，必须把这些元素放在每个页面上，一些开发人员简单地把这些公共区段的代码复制并粘贴到需要它们的每个页面上，这是可行的，但是相当麻烦。每当需要对应用程序的这些公共区段中的一个区段进行修改时，就必须在每个页面上重复操作，效率很低。

在 Web 应用开发过程中，经常会遇到 Web 应用程序中的很多页面的布局都相同的情况。在 ASP.NET 中，可以使用 CSS 和主题解决多页面的布局问题，但是 CSS 和主题在很多情况下还无法胜任多页面的开发，这时就需要使用母版页。

ASP.NET 开发了母版页，这是把模板用于应用程序的一种新方式。母版页位于所开发的页面外部，而用户控件位于页面的内部，且是副本。这些母版页在各个页面的公共区段和每个页面独有的内容区域之间绘制一条比较清晰的线条。

通过编写 HTML，就能够进行母版页的布局，不仅如此，母版页还能够嵌入控件、用户控件和自定义控件，方便母版页中通用模块的编写。母版页提供一个对象模型，其他页面能够通过母版页快速地进行样式控制和布局，使用母版页具有以下好处：

① 母版页可以集中地处理页面的通用功能，包括布局和控件定义。
② 使用母版页可以定义通用性的功能，包括页面中某些模块的定义，这些模块通常由用户控件和自定义控件实现。
③ 母版页允许控制占位符控件的呈现方式。
④ 母版页能够为其他页面提供对象模型，其他页面能够使用母版页进行二次开发。
⑤ 母版页能够将页面布局集中到一个或若干个页面中，这样无须在其他页面中过多地关心页面布局。

许多公司和组织发现，使用 Master 页面是很理想的，因为该技术清晰地建立了业务需求模型。许多公司都在其内联网上使用相同的外观和操作方式，他们可以为各个部门提供 .master 文件，在创建内联网的部门区段时使用该文件。这个功能使公司很容易在整个内联网上保持一致的外观和操作方式。

本章将通过案例展示的方式讲解 ASP.NET 4 中使用 Master 页面和站点导航功能的步骤，完成本章的学习将能够：

- 掌握使用 Master 页面实现统一页面布局的方法。
- 掌握站点导航及导航控件的使用方法。

3.2 应用 Master 页面实现统一页面布局

3.2.1 Master 页面基础

Master 页面是提供模板的一种简单方式，该模板可以由应用程序中的任意多个 ASP.NET 页面使用。在使用 Master 页面时，要创建一个 master 文件，该文件是由子页面或内容页面引用的模板。使用母版页的页面被称作内容窗体（又称内容页面）。内容页面不是专门负责设计的页面，它们只需要关注一般页面的布局、事件及窗体结构即可，所以内容页面无须过多地考虑页面布局。当用户请求内容页面时，内容页面将与母版页合并，并且将母版页的布局和内容页面的布局组合在一起呈现到浏览器。Master 页面使用 .master 为扩展名；而内容页使用 .aspx 为扩展名，且在文件的 Page 指令中声明。

使用 Master 页面的一个优点是，在创建内容页面时，可以在 IDE 中看到模板。若在处理页面时可以看到整个页面，就很容易开发出使用模板的内容页面。在处理内容页面时，所有模板项都灰显，不能编辑。可以修改的项会清晰地显示在模板中。这些可处理的区域称为内容区域，最初是在 Master 页面中定义的。在 Master 页面中，指定了内容页面可以使用的区域。在 Mater 页面中还可以有多个内容区域。

把需要在模板中共享的内容放在 .master 文件中，包括 Web 应用程序使用的头标、导航和脚标区段。母版页和普通 Web 窗体的另一个区别是母版页可以使用 ContentPlaceHolder 控件，而在普通的页面里不可以使用它。ContentPlaceHolder 是内容页可以插入内容的页面部分。内容页方面包含除 Master 页面元素之外的其他页面元素。在运行时，ASP.NET 引擎会把这些元素合并到一个页面上,显示给终端用户。在使用母版页时,母版页和内容页面通常是一起协调运作的。在母版页运行后,内容页面中 ContentPlaceHolder 控件会被映射到母版页的 ContentPlaceHolder 控件,并向母版页中的 ContentPlaceHolder 控件填充自定义控件。运行后,母版页和内容页面将会整合形成结果页面,然后呈现给用户的浏览器,如图 3-1 所示。

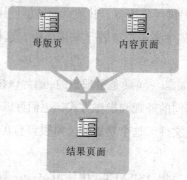

图 3-1　母版页和内容页面协调运作图

母版页运行的具体步骤为:
① 通过 URL 指令加载内容页面。
② 页面指令被处理。
③ 将更新过内容的母版页合并到内容页面的控件树里。
④ 单独的 ContentPlaceHolder 控件的内容被合并到相对的母版页中。
⑤ 合并的页面被加载并显示给浏览器。

从浏览者的角度来说,母版页和内容页面的运行并没有什么本质的区别,因为在运行的过程中,其 URL 是唯一的。而从开发人员的角度来说,实现的方法不同,母版页和内容页面分别是单独而离散的页面,分别进行各自的工作,在运行后合并生成相应的结果页面呈现给用户。

3.2.2　编写 Master 页面

开发人员能够使用母版页定义某一组页面的呈现样式,甚至能够定义整个网站页面的呈现样式,Visual Studio 能够轻松地创建母版页文件,对网站的全部或部分页面进行样式控制。母版页同 Web 窗体在结构上基本相同,与 Web 窗体不同的是,母版页的声明方法不是使用 Page 的方法声明,而是使用 Master 关键字进行声明,示例代码如下:

```
<%@ Master Language="C#"
AutoEventWireup="true" CodeBehind="Site.master.cs" Inherits="Crm.SiteMaster" %>
```

母版页通常情况下是用来进行页面布局。当 Web 应用程序中的很多页面的布局都相同,甚至中间需要使用的用户控件、自定义控件、样式表都相同时,则可以在一个母版页中定义和编码,对一组页面进行样式控制。编写母版页的方法非常简单,只需要像编写 HTML 页面一样就可以编写母版页。

在 Visual Studio 里创建一个母版页的时候,开发人员会得到一个只包含两个 ContentPlaceHolder

控件的 Master 页面。其中，第一个是在<head>区域定义的，它让内容页能够增加页面元数据，如搜索关键字和样式表链接。第二个也是更重要的 ContentPlaceHolder 被定义在<body>区域，它代表页面显示的内容。在页面的设计视图中，它以一个轮廓不明显的方框形式出现在页面上，这个框代表 ContentPlaceHolder 控件。如果单击它的内部或把鼠标停放在内容区域，就会在控件的上方显示该 ContentPlaceHolder 控件的名称提示。要创建更加复杂的页面布局，可以添加其他标记及 ContentPlaceHolder 控件。

打开项目下的母版页文件"Site.Master"编写母版页。在编写网站页面时，首先需要确定通用的结构，并且确定需要使用控件或 CSS 页面。在确定了母版页布局的通用结构后，就可以编写母版页的结构了。这里使用 Table 进行布局，在布局前，首先需要在/Content/Site.css 样式表中定义若干样式，这些样式规定了一些基本样式，以规范 Table 及页面的布局，Master 页面布局完成后效果如图 3-2 所示。

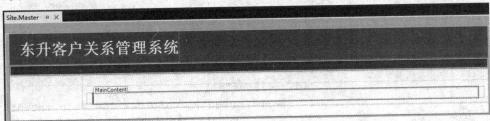

图 3-2 Master 页面布局完成后效果

整页布局代码如下：

```
<%@ Master Language="C#" AutoEventWireup="true" CodeBehind="Site.master.cs" Inherits="CRM.SiteMaster" %>
<!DOCTYPE html>
<html lang="zh">
<head runat="server">
<meta http-equiv="Content-Type" content="text/html; charset=utf-8"/>
    <meta charset="utf-8" />
    <meta name="viewport" content="width=device-width, initial-scale=1.0" />
    <title><%: Page.Title %> - 我的 ASP.NET 应用程序</title>
    <asp:PlaceHolder runat="server">
        <%: Scripts.Render("~/bundles/modernizr") %>
    </asp:PlaceHolder>
    <webopt:bundlereference runat="server" path="~/Content/css" />
    <link href="~/favicon.ico" rel="shortcut icon" type="image/x-icon" />
    <link href="~/Content/Site.css" rel="stylesheet" type="text/css" />
</head>
<body>
    <form runat="server">
    <div class="page">
        <div class="header">
            <div class="title">
                <h1>
```

```html
                东升客户关系管理系统
            </h1>
        </div>
        <div class="clear hideSkiplink">
        </div>
    </div>
    <table width="100%">
        <tr>
            <td valign="top" style="width: 15%">
                <div class="leftMenu">
                </div>
            </td>
            <td width="*">
                <table width="100%">
                    <tr>
                        <td>
                        </td>
                    </tr>
                    <tr>
                        <td>
                            <div class="main">
                                <asp:ContentPlaceHolder ID="MainContent"
                                    runat="server" />
                            </div>
                        </td>
                    </tr>
                </table>
            </td>
        </tr>
    </table>
    <div class="clear">
    </div>
</div>
<div class="footer">
</div>
</form>
</body>
</html>
```

3.2.3 添加内容页面

应用程序中有了 Master 页面后，就可以把这个新模板用于应用程序的内容页面。在"解决方案资源管理器"中右击项目，在弹出快捷菜单中选择"添加/新建项"菜单项，在弹出的"添加新项-CRM"对话框中的左边侧边栏选择"Web"选项，在中间的选项中选择"包含母版页的 Web 窗体"选项，输入页面名称，如图 3-3 所示。单击"添加"按钮，系统会提示选择相应的母版页，选择相应的母版页"Site.Master"后，单击"确定"按钮即可创建内容页面，如图 3-4 所示。

第 3 章　母版页和站点导航——统一设计系统的页面风格　53

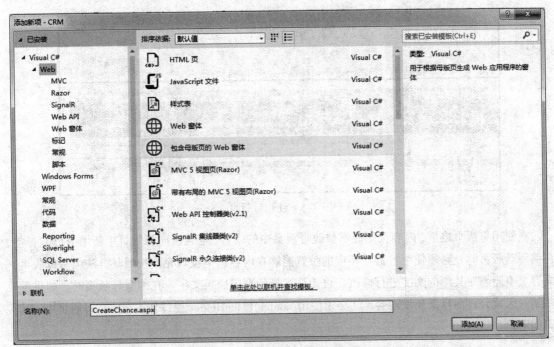

图 3-3　"添加新项-CRM"对话框

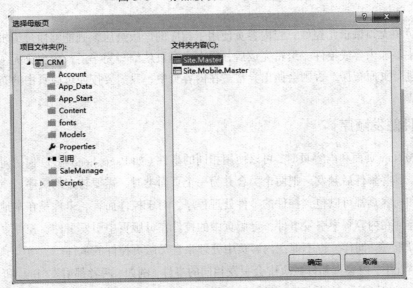

图 3-4　"选择母版页"对话框

选择母版页后，系统会自动将母版页和内容整合在一起，如图 3-5 所示。从该图中可以看出，使用 Page 指令中的 MasterPageFile 属性，可以可视化地继承 Site.Master 文件中的所有内容。在 Master 页面中定义的所有共有区域都显示为灰色，而在 Master 页面中使用<asp: Content>服务器控件指定的内容区域则清晰显示，并可以在内容页中用于其他内容。可以在这些定义好的内容区域中添加任何内容，就好像在处理常规的.aspx 页面一样。

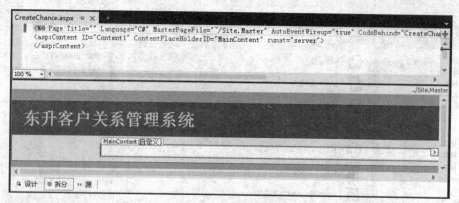

图 3-5　使用母版页

在使用母版页之后，内容页不能够修改母版页中的内容，也无法向母版页中新增 HTML 标签，在编写母版页时，必须使用容器让相应的位置能够在内容页中被填充。按照其方法编写母版页，内容页不能够对其中的文字进行修改，也无法在母版页中插入文字。在编写母版页时，如果需要在某一区域允许内容页新增内容，就必须使用 ContentPlaceHolder 控件作占位，在母版页中，其代码如下：

```
<asp:ContentPlaceHolder ID="ContentPlaceHolder1" runat="server">
</asp:ContentPlaceHolder>
```

在母版页中无须编辑此控件，当内容页使用了相应的母版页后，则能够通过编辑此控件并向此占位控件中添加内容或控件。编辑完成后，整个内容页就编写完毕了。内容页无须进行页面布局，也无法进行页面布局，否则会抛出异常。在内容页中，只需要按照母版页中的布局进行控件的拖放即可。

3.2.4　事件触发顺序

在处理 Master 页面和内容页时，可以使用相同的事件（如 Page_Load 等）。但一定要指定哪些事件先触发，哪些事件后触发。把两个类合并为一个页面类时，需要特定的顺序。

母版页和内容页都可以包含控件的事件处理程序。对于控件而言，事件是在本地处理的，即内容页中的控件在内容页中引发事件，母版页中的控件在母版页中引发事件。控件事件不会从内容页发送到母版页。同样，也不能在内容页中处理来自母版页控件的事件。

在某些情况下，内容页和母版页中会引发相同的事件。例如，两者都引发 Init 和 Load 事件。引发事件的一般规则是初始化事件从最里面的控件向最外面的控件引发，所有其他事件则从最外面的控件向最里面的控件引发。请记住，母版页会合并到内容页中并被视为内容页中的一个控件，这一点十分有用。

母版页与内容页合并后，终端用户在浏览器上请求一个内容页面时，事件的触发顺序如下：

① Master 页面子控件的初始化 Init 事件：先初始化 Master 页面包含的所有服务器控件。

② 内容页面子控件的初始化 Init 事件：初始化内容页面包含的所有服务器控件。

③ Master 页面的初始化 Init 事件：初始化 Master 页面。

④ 内容页面的初始化 Init 事件：初始化内容页面。

⑤ 内容页面的加载 Load 事件：加载内容页面（这是 Page_Load 事件，后跟 Page_LoadComplete 事件）。

⑥ Master 页面的加载 Load 事件：加载 Master 页面（同样是 Page_Load 事件，后跟 Page_LoadComplete 事件）。

⑦ Master 页面子控件的加载 Load 事件：把 Master 页面中的服务器控件加载到页面中。

⑧ 内容页面子控件的加载 Load 事件：把内容页面中的服务器控件加载到页面中。

在建立应用程序时应注意这个事件触发顺序。例如，如果要在特定的内容页面中使用 Master 页面包含的服务器控件值，就不能从内容页面的 Page_Load 事件中提取这些服务器控件的值。这是因为这个事件在 Master 页面的 Page_Load 事件之前触发。这个问题导致了新的 Page_LoadComplete 事件的创建。内容页面的 Page_LoadComplete 事件在 Master 页面的 Page_Load 事件之后触发。因此，可以使用这个触发顺序在 Master 页面中获得控件值，但在触发内容页面的 Page_Load 事件时，该控件没有值。

3.2.5 编辑一般页面为内容页面

把第 2 章中的添加销售机会页面改为使用母版页的内容页面。使用在第 3.2.2 节中编辑好的母版页，在 "SaleManage" 文件夹下新建内容页 "CreateChance.aspx"，实现添加销售机会的数据提交。设计完成的内容页面如图 3-6 所示。

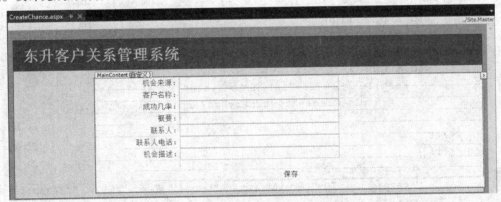

图 3-6　使用母版页的添加销售机会页面

实现页面的代码如下：

```
<%@ Page Title="新建销售机会" Language="C#" MasterPageFile="~/Site.Master"
AutoEventWireup="true" CodeBehind="CreateChance.aspx.cs"
Inherits="CRM.SaleManage.CreateChance" %>
<asp:Content ID="Content1" ContentPlaceHolderID="MainContent" runat="server">
    <table cellpadding="0" cellspacing="0" width="100%">
        <tr>
            <td align="right">
                <asp:Label ID="Label2" runat="server" Text="机会来源: "></asp:Label>
            </td>
            <td align="left">
```

```html
                    <asp:TextBox ID="txtChanceSource" runat="server"
                        CssClass="textEntry"></asp:TextBox>
                </td>
            </tr>
            <tr>
                <td align="right">
                    <asp:Label ID="Label3" runat="server" Text="客户名称: "></asp:Label>
                </td>
                <td align="left">
                    <asp:TextBox ID="txtChanceCustomerName" runat="server"
                        CssClass="textEntry"></asp:TextBox>
                </td>
            </tr>
            <tr>
                <td align="right">
                    <asp:Label ID="Label4" runat="server" Text="成功几率: "></asp:Label>
                </td>
                <td align="left">
                    <asp:TextBox ID="txtChanceRate" runat="server"
                        CssClass="textEntry"></asp:TextBox>
                </td>
            </tr>
            <tr>
                <td align="right">
                    <asp:Label ID="Label5" runat="server" Text="概要: "></asp:Label>
                </td>
                <td align="left">
                    <asp:TextBox ID="txtChanceTitle" runat="server"
                        CssClass="textEntry"></asp:TextBox>
                </td>
            </tr>
            <tr>
                <td align="right">
                    <asp:Label ID="Label6" runat="server" Text="联系人: "></asp:Label>
                </td>
                <td align="left">
                    <asp:TextBox ID="txtChanceLinkMan" runat="server"
                        CssClass="textEntry"></asp:TextBox>
                </td>
            </tr>
            <tr>
                <td align="right">
                    <asp:Label ID="Label7" runat="server" Text="联系人电话: "></asp:Label>
                </td>
                <td align="left">
                    <asp:TextBox ID="txtChanceTelephone" runat="server"
                        CssClass="textEntry"></asp:TextBox>
                </td>
```

```
            </tr>
            <tr>
                <td align="right">
                    <asp:Label ID="Label8" runat="server" Text="机会描述: "></asp:Label>
                </td>
                <td align="left">
                    <asp:TextBox ID="txtChanceDescription" runat="server"
                        CssClass="textEntry"></asp:TextBox>
                </td>
            </tr>
            <tr>
                <td align="right"> </td>
                <td align="left"> </td>
            </tr>
            <tr>
                <td align="center" colspan="2">
                    <asp:LinkButton ID="lnkUpdate" runat="server" onclick=
                        "lnkUpdate_Click">保存</asp:LinkButton>
                </td>
            </tr>
            <tr>
                <td align="right"> </td>
                <td align="left"></td>
            </tr>
        </table>
</asp:Content>
```

与处理一般的.aspx页面一样,可以为内容页创建事件处理程序,在本例中,只使用了一个事件处理程序,即终端用户提交页面时的按钮单击事件。

后台代码文件 CreateChance.aspx.cs 添加代码如下:

```
protected void lnkUpdate_Click(object sender, EventArgs e)
{
    //提交窗体信息
}
```

3.3 实现站点功能导航

在网站制作中,通常需要制作导航来让用户能够更加方便快捷地查阅到相关的信息和资讯,或能跳转到相关的版块。在 Web 应用中,导航是非常重要的。ASP.NET 提供了站点导航的一种简单的方法,即使用站点导航控件 SiteMapDataSource、TreeView、Menu 等。

3.3.1 TreeView 和 Menu 控件应用

TreeView 控件用于在树形结构中显示分层数据,提供纵向用户界面以展开和折叠网页上的选定节点,支持数据绑定和站点导航,其节点文本既可以显示为纯文本也可以显示为超链接,该控件也支持客户端节点填充，以及在每个节点旁显示复选框的功能，通过编程方式可以访问 TreeView 对象模型以动态地创建树、填充节点及设置属性等，并且允许通过主题、用户定义的图像和样式对 TreeView 控件的外观进行自定义。

TreeView 控件具有的主要功能如下：

① 支持数据绑定，即允许通过数据绑定方式，使得控件节点与 XML、表格、关系型数据等结构化数据建立紧密联系。

② 支持站点导航功能，即通过集成 SiteMapDataSource 控件，实现站点导航功能。

③ 单击文字可显示为普通文本或超链接文本。

④ 自定义树形和节点的样式、主题等外观特征。

⑤ 可通过编程方式访问 TreeView 对象模型，完成动态创建树形结构、构造节点和设置属性等任务。

⑥ 在客户端浏览器支持的情况下，通过客户端到服务器的回调填充节点。

⑦ 具有在节点显示复选框的功能。

TreeView 控件由节点组成，每个节点用一个 TreeNode 对象表示。层次结构中最上面的节点是根节点。TreeView 控件可以有多个根节点。在层次结构中，任何节点，包括根节点在内，如果它的下面还有节点，就称为父节点。每个父节点可以有一个或多个子节点。如果节点不包含子节点，就称为叶节点。每个节点具有一个 Text 属性和一个 Value 属性，其中 Text 属性的值显示在 TreeView 中，而 Value 属性用于存储有关节点的任何数据，如传递到与该节点相关的回发事件和数据。

TreeView 控件最简单的数据模型是静态数据。在 Visual Studio 集成开发环境中，可以使用 TreeView 节点编辑器以静态方式为 TreeView 控件创建节点。若要创建具有固定项的树，这种方式十分有用。在设计视图中，单击 TreeView 控件展开"TreeView 任务"，在任务菜单上单击"编辑节点"，弹出"TreeView 节点编辑器"对话框，在"节点"之下单击"添加根节点"或"添加子节点"按钮。编辑好的树形控件导航如图 3-7 所示。

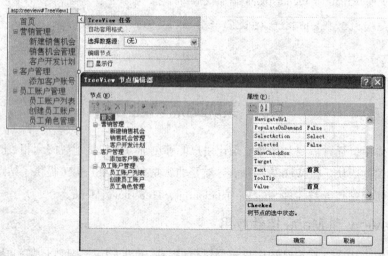

图 3-7　编辑好的树形控件导航

若要使用声明性语法显示静态数据,首先在 TreeView 控件的开始标记与结束标记之间放置 <Nodes>和</Nodes>标记,然后通过在<Nodes>和</Nodes>之间嵌套<asp:TreeNode>元素来创建树结构。每个<asp:TreeNode>元素表示树中的一个节点,并且映射到一个 TreeNode 对象。通过设置每个节点的<asp:TreeNode>元素的属性可以对节点的外观和行为进行设置。若要创建子节点,可以在父节点开始和结束的<asp:TreeNode>标记之间嵌套其他的<asp:TreeNode>元素。

该 TreeView 控件的声明代码如下:

```
<asp:TreeView ID="TreeView1" runat="server">
    <Nodes>
        <asp:TreeNode Text="首页" Value="首页"></asp:TreeNode>
        <asp:TreeNode Text="营销管理" Value="营销管理">
            <asp:TreeNode Text="新建销售机会" Value="新建销售机会"></asp:TreeNode>
            <asp:TreeNode Text="销售机会管理" Value="销售机会管理"></asp:TreeNode>
            <asp:TreeNode Text="客户开发计划" Value="客户开发计划"></asp:TreeNode>
        </asp:TreeNode>
        <asp:TreeNode Text="客户管理" Value="客户管理">
            <asp:TreeNode Text="添加客户账号" Value="添加客户账号"></asp:TreeNode>
        </asp:TreeNode>
        <asp:TreeNode Text="员工账户管理" Value="员工账户管理">
            <asp:TreeNode Text="员工账户列表" Value="员工账户列表"></asp:TreeNode>
            <asp:TreeNode Text="创建员工账户" Value="创建员工账户"></asp:TreeNode>
            <asp:TreeNode Text="员工角色管理" Value="员工角色管理"></asp:TreeNode>
        </asp:TreeNode>
    </Nodes>
</asp:TreeView>
```

利用 Menu 控件可以开发 ASP.NET 网页的静态和动态显示菜单。静态菜单意味着 Menu 控件始终是完全展开的,整个结构都是可视的,用户可以单击菜单的任何部位。在动态显示的菜单中,只有指定的部分是静态的,而只有用户将鼠标指针悬停在父节点上时才会显示其子菜单项。

在 Menu 控件中可以直接配置其内容,也可以通过将该控件绑定数据源的方式来指定其内容。不需要编写任何代码,就可以控制 Menu 控件的外观、方向和内容。示例代码如下:

```
<asp:Menu ID="mnTest" runat="server" Orientation="Horizontal">
    <Items>
        <asp:MenuItem Text="计算机书籍" Value="计算机书籍">
            <asp:MenuItem Text="编程语言" Value="编程语言"></asp:MenuItem>
            <asp:MenuItem Text="网络应用" Value="网络应用"></asp:MenuItem>
            <asp:MenuItem Text="办公软件" Value="办公软件"></asp:MenuItem>
        </asp:MenuItem>
        <asp:MenuItem Text="人文类书籍" Value="人文类书籍">
            <asp:MenuItem Text="历史" Value="历史"></asp:MenuItem>
            <asp:MenuItem Text="经济" Value="经济"></asp:MenuItem>
            <asp:MenuItem Text="教育" Value="教育"></asp:MenuItem>
        </asp:MenuItem>
    </Items>
</asp:Menu>
```

Menu 控件也可以绑定到 XML 文件，显示层次结构的数据。绑定的 XML 文件可分为站点地图文件和普通的 XML 文件。

3.3.2 SiteMap 站点地图

如果网站有很多个页面,可能就需要某个导航系统来帮助用户从一个页面跳转到另一个页面。站点导航系统可以在一个 XML 文件中定义整个站点，此 XML 文件称为站点地图。在定义了站点地图后，就可以使用 SiteMap 类来编程处理它。使用整个站点地图可以定义应用程序中所有页面的导航结构，以及他们的相互关系。如果根据 ASP.NET 的站点地图标准来定义，就要使用 SiteMap 类或 SiteMapDataSource 控件与整个导航信息交互。使用 SiteMapDataSource 控件可以把站点地图文件中的信息绑定到各种数据绑定控件上，包括 ASP.NET 提供的导航服务器控件。

站点地图是一种扩展名为.sitemap 的标准 XML 文件，用来定义整个站点的结构、各页面的链接、相关说明和其他相关定义。站点地图的文档结构是由多个不同层级的节点元素组成的，该文件中包含一个根节点 SiteMap，在根节点下包括多个 SiteMapNode 子节点，SiteMapNode 子节点包含多个属性。

首先要创建一个 Web.sitemap 文件，使用 Visual Studio 添加站点地图，可在 Web 项目中选择"添加新项"，然后选择"站点地图"模板，再单击"添加"按钮，如图 3-8 所示。

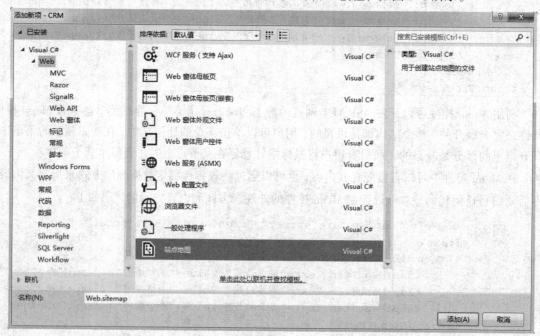

图 3-8 添加"站点地图"模板

站点地图文件使用的基本结构如下：

```
<?xml version="1.0" encoding="utf-8" ?>
<siteMap xmlns="http://schemas.microsoft.com/AspNet/SiteMap-File-1.0" >
    <siteMapNode url="" title="" description="">
        <siteMapNode url="" title="" description="" />
```

```
    <siteMapNode url="" title="" description="" />
  </siteMapNode>
</siteMap>
```

为了保证有效性，站点地图必须以<siteMap>节点开始，后面跟一个<siteMapNode>元素，它代表默认主页。可以在根<siteMapNode>内嵌入无限多层的<siteMapNode>元素。每个站点地图节点必须有标题、描述及URL，代码如下：

```
<siteMapNode url="Default.aspx" title="Home" description="Home" />
```

现在用户就可以用<siteMapNode>创建站点地图了，唯一的限制是不能为同一个URL创建两个站点地图节点。

下面是为当前系统编辑的一个站点地图示例：

```
<?xml version="1.0" encoding="utf-8" ?>
<siteMap xmlns="http://schemas.microsoft.com/AspNet/SiteMap-File-1.0" >
  <siteMapNode url="" title="Root" description="Root">
    <siteMapNode url="~/Default.aspx" title="首页" description="首页"/>
    <siteMapNode url="" title="营销管理" description="营销管理">
      <siteMapNode title="新建销售机会" url="~/SaleManage/CreateChance.aspx" description="新建销售机会"/>
      <siteMapNode title="销售机会管理" url="~/SaleManage/SaleChanceManager.aspx" description="销售机会管理"/>
      <siteMapNode title="客户开发计划"
           url="~/CustomerDevelopment/CustomerDevList.aspx" description="客户开发计划"/>
    </siteMapNode>
    <siteMapNode url="" title="客户管理" description="客户管理" >
      <siteMapNode title="客户信息管理" url="~/CustomerManagement/CustomerList.aspx" description="管理所有客户信息"/>
      <siteMapNode title="客户流失管理"
           url="~/CustomerManagement/CustomerLostMng.aspx" description="管理正在流失的客户"/>
    </siteMapNode>
    <siteMapNode url="" title="客户服务" description="客户服务管理">
      <siteMapNode url="~/CustomerServices/CustomerServiceList.aspx" title="客户服务管理" description="管理所有客户服务"/>
      <siteMapNode url="~/CustomerServices/AddCustomerService.aspx" title="添加客户服务" description="添加客户服务数据"/>
    </siteMapNode>
    <siteMapNode url="" title="统计报表" description="各类经营统计分析服务">
      <siteMapNode url="~/Statistics/CustomerContributionList.aspx" title="客户贡献分析" description="客户贡献度统计汇总" />
    </siteMapNode>
    <siteMapNode url="" title="员工账户管理" description="管理公司员工账户信息">
      <siteMapNode url="~/EmployeeManage/EmployeeList.aspx" title="员工账户列表" description="员工账户一览表"/>
      <siteMapNode url="~/EmployeeManage/CreateEmployee.aspx" title="创建员工账户" description="创建新员工账户"/>
```

```
            <siteMapNode url="~/EmployeeManage/EmployeeRoleManagement.aspx" title=
"员工角色管理" description="管理员工所属角色"/>
        </siteMapNode>
        <siteMapNode url="" title="帮助" description="帮助">
            <siteMapNode url="~/About.aspx" title="关于" description="关于本系统" />
        </siteMapNode>
    </siteMapNode>
</siteMap>
```

3.3.3 SiteMapDataSource 控件应用

SiteMapDataSource 控件从站点地图提供程序中检索导航数据，然后将数据传递给可显示该数据的控件，如 TreeView 和 Menu 控件等。SiteMapDataSource 控件包含来自站点地图的导航数据，如网站中页的 URL、标题、说明和导航层次结构中的位置等。若将导航数据存储在一个地方，则可以更方便地在网站的导航菜单中添加和删除项。

SiteMapDataSource 控件的使用很简单，其形式如下所示：

```
<asp:SiteMapDataSource ID="SiteMapDataSource1" runat="server" />
```

3.3.4 在母版页中实现站点导航

定义了 Web.sitemap 文件之后，就随时可以在页面中使用它了。这正是使用母版页的方便之处，可以把导航控件定义为模板的一部分并在所有页面里重用它。下面将在第 3.2.2 节中创建的母版页中定义一个把导航控件放在左边的基本结构，并创建向其他控件提供导航信息的 SiteMapDataSource 控件，代码如下所示：

```
<div class="footer">
    <asp:SiteMapDataSource ID="MenuSiteMapDataSource" runat="server"/>
</div>
```

剩下的最后任务是选择用来显示站点地图数据的控件。能够满足所有目标的控件是 TreeView。用户可以添加 TreeView 控件并在母版页里通过 DataSourceID 将其绑定到 SiteMapDataSource 控件，代码如下：

```
<div class="leftMenu">
    <asp:TreeView ID="TreeViewMenu" runat="server"
        DataSourceID="MenuSiteMapDataSource">
    </asp:TreeView>
</div>
```

若将 SiteMapDataSource 控件的"ShowStartingNode"属性改为"False"，代码如下：

```
<asp:SiteMapDataSource ID="SiteMapDataSource1" runat="server"
ShowStarting Node="False" />
```

TreeView 控件绑定站点地图后在母版页中实现的站点导航如图 3-9 所示。

通过 ASP.NET 提供的服务器控件 SiteMapPath 很容易使用刚才创建的 Web.sitemap 文件。SiteMapPath 控件可以创建导航功能，它会创建一种线性路径，定义了终端用户在导航结构中的位置。这类导航系统的作用是希望终端用户显示它们与站点其他内容的相互关系。

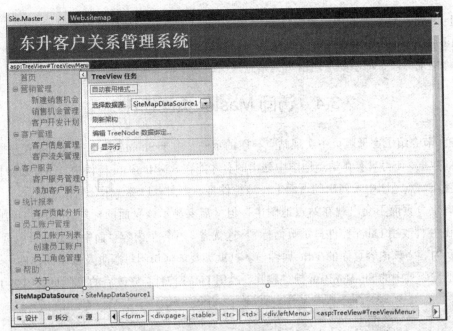

图 3-9　在母版页中实现站点导航

SiteMapPath 控件很容易使用，甚至不需要用数据源控件将它绑定到 Web.sitemap 文件上，以获得其中的所有信息。只需把一个 SiteMapPath 控件拖放到母版页上，它就可以显示在所有的内容页上。SiteMapPath 控件会自动工作，不需要用户的参与。只需要把基本控件添加到页面上，该控件就会自动读取和呈现站点地图信息并创建导航系统的路径，"新建销售机会"页面如图 3-10 所示。

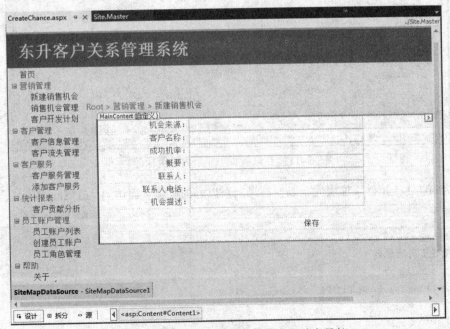

图 3-10　使用 SiteMapPath 控件实现站点导航

SiteMapPath 控件在告知用户当前位置，以及提供用户在层次结构间向上跳转方面都很有用。SiteMapPath 控件允许用户向后导航，即从当前页到站点层次结构中更高层的页，但是 SiteMapPath 控件不允许向前导航，即不能从当前页到站点层次结构中较低层的页。

3.4 访问 Master 页面控件

第 3.3.4 节介绍了在母版页中实现站点导航的示例，由于 SiteMapPath 控件直接使用网站的站点地图中的数据，使得只有在站点地图中列出的页才能在 SiteMapPath 控件中显示导航数据。若将该控件放置在站点地图中未列出的页面上，该控件将不会向客户端显示任何信息。

因为有部分页面不会出现在站点地图中，但又需要显示该页面的标题，所以将母版页上的 SiteMapPath 控件改用 Label 控件显示页面标题，这就需要在各个内容页面中设置此母版页的 Label 控件的显示内容为该内容页面的 Title 属性值。这就涉及如何访问母版页及其中的控件了。

首先把母版页中的 SiteMapPath 控件删除，改用 Label 控件，修改后的母版页如图 3-11 所示。

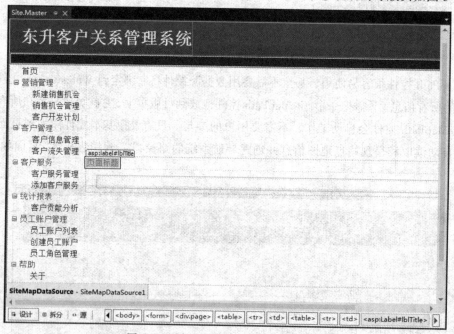

图 3-11　在母版页中显示内容页标题

然后为该 Label 控件添加属性，以便被母版页以外的其他页面访问。在 Site.Master.cs 文件中添加代码如下：

```
/// <summary>
/// 设置页面的标题
/// </summary>
public string PageTitle
{
    //get { }
    set
```

```
        {
            this.lblTitle.Text = value;
        }
    }
    /// <summary>
    /// 读取或设置页面标题的可见性
    /// </summary>
    public bool PageTitleVisible
    {
        get
        {
            return this.lblTitle.Visible;
        }
        set
        {
            this.lblTitle.Visible = value;
        }
    }
```

最后打开"添加销售机会"内容页的后台代码文件 CreateChance.aspx.cs,在 Page_Load 事件中添加代码如下:

```
protected void Page_Load(object sender, EventArgs e)
{
    if(!IsPostBack)
    {
        ((SiteMaster)Master).PageTitle = this.Title.Trim();
    }
}
```

可以看到,使用页面的 Master 属性访问当前页使用的母版页,得到了母版页的实例,就可以访问到母版页中的控件属性了。最终运行结果如图 3-12 所示。

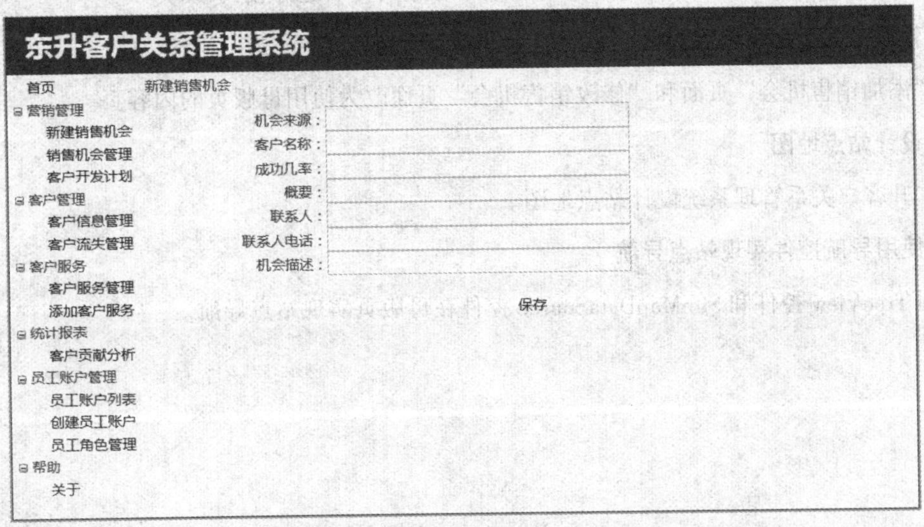

图 3-12 访问母版页控件以显示内容页标题的最终运行结果

小　结

本章讲解了如何应用母版页来统一设计客户关系管理系统的页面风格，使用导航控件及站点地图实现导航系统，以及如何访问母版页控件。

作　业

使用 Master 页面实现统一的页面布局，并实现站点导航功能。

实训 3——设计客户关系管理系统的母版页并实现站点导航

实训目标

完成本实训后，能够：
① 添加并设计母版页。
② 修改一般页面为内容页面。
③ 创建站点地图。
④ 使用导航控件实现站点导航。

实训场景

东升客户关系管理系统需要完成对系统页面风格的统一，设计一个母版页，同时实现站点导航的功能。

实训步骤

1. 设计 Master 页面实现统一页面布局

打开项目下的母版页文件"Site.Master"编写母版页，确定母版页布局。

2. 修改一般页面为内容页面

将"添加销售机会"页面和"修改销售机会"页面改为使用母版页的内容页。

3. 设计站点地图

为东升客户关系管理系统设计站点地图。

4. 使用导航控件实现站点导航

使用 TreeView 控件和 SiteMapDataSource 控件在母版页实现站点导航。

第 4 章 验证控件——验证系统的用户输入信息

4.1 使用验证控件验证用户输入信息

4.1.1 为什么要验证用户输入信息

ASP.NET 网站可以很方便地为用户提供一个交互式的 Web 环境，使用 C#设计出来的程序可以根据用户输入的数据，按照某种方法计算出用户需要的结果，并显示到页面中。

在交互式 Web 环境中，通常需要对用户输入的数据进行有效性验证，如一些商业网站、个人网站都设计用户注册、客户调查等，必然会用到表单，这些表单的填写正确与否，需要通过输入代码的方式来控制。如果每次验证表单都由手写代码，必然会影响到工作效率，用户希望把尽量少的时间花在表单的验证工作上。

Web 应用程序并不好验证用户的输入，HTML 3.2 规范可以控制用户的反馈，但恶意的或者技术高超的用户可以绕过，因此即使有了浏览器端的手写代码，服务器端同样也需要验证，才能保证安全。手写代码控制表单验证的弊病有如下几点：

① 尽管错误信息或图标经常与输入元素相邻，但是它们几乎总是位于表的不同单元格中。
② 页面中经常会有一个区域来汇总所有错误。
③ 许多站点包含客户端脚本，以便提供更快捷的反馈，同时防止与服务器之间多余的往返。
④ 许多包含客户端脚本的站点在出现错误时会显示信息框。
⑤ 不仅会验证文本输入，还会验证下拉列表和单选按钮。
⑥ 如果某个字段为空，站点通常会显示与该条目无效时不同的信息或图标。
⑦ 许多有效性检查可以很好地代替常用的表达式。
⑧ 验证通常是基于两个输入信息之间的比较结果。
⑨ 90%或 90%以上的验证任务是一些常见的操作，如检查姓名或邮政编码等。大多数站点似乎仍在重复进行这些工作。
⑩ 因为站点之间的差别通常太大，无法获得一种完美的解决方案来处理每个站点的所有验证任务。

4.1.2 使用验证控件的好处

验证控件可在服务器端代码中执行输入检查。网页运行时，用户在各种输入控件中输入信息，当浏览器将信息发送到服务器时会引发一个数据验证的处理过程。在此过程中服务器将逐个调用验证控件来检查用户输入。

验证控件提取用户的输入内容并根据软件工程师设定的标准进行测试。如果在任意输入控件中检测到一个验证错误，则该页面将自行设置为无效状态。ASP.NET 会将该页发回客户端。检测到错误的验证控件会在页面上显示错误消息。这个数据验证过程被称为"服务器端验证"。

服务器端验证发生的时间是：已对页面进行了初始化（即已处理了视图状态和回发数据），但尚未调用任何事件处理程序。

如果用户使用的浏览器支持 JavaScript，则验证控件还可以使用客户端脚本进行验证。这样可以缩短页面的响应时间，因为错误将被立即检测到并且将在用户离开包含错误的控件后马上显示错误信息，无须花费在服务器验证所需的网络传输时间。

即使验证控件已在客户端执行过验证，ASP.NET 仍会在服务器上执行验证，这有助于防止用户通过禁用或更改客户端脚本检查来逃避验证。

本章将通过案例展示的方式讲解 ASP.NET 应用程序中完成验证控件技术及实现步骤，完成本章学习，将能够：

- 了解 ADO.NET 数据验证控件。
- 掌握使用 ADO.NET 数据验证控件进行输入检测的方法。

4.2 验 证 过 程

1. 多条件验证

每个验证控件通常只执行一次测试，但有些情况下可能需要检查多个条件。例如，可能需要指定某些项必须输入，同时这些输入又要满足某些附加条件。

可以将多个验证控件与页面上的某个输入控件相关联。此时用户输入的数据必须通过所有验证控件的检测才能视为有效。例如，将 RequireValidator 控件和 RangeValidator 控件与一个文本框关联起来，RequireValidator 控件负责检测文本框是否为空，而 RangeValidator 控件则负责检测用户输入的数据是否在指定的范围之内。

有些情况下，几种不同格式的输入都可能是有效的。例如，在提示输入电话号码时，可能允许用户输入本地号码、长途号码或国际长途号码。由于用户输入必须通过所有测试才能视为有效，因此，在此实例中使用多个验证控件不起作用。若要执行此类测试，可先设计一个特定的用于验证的正则表达式，然后利用 RegularExpressionValidator 验证控件来执行。另一种方法是使用 CustomValidator 验证控件并编写自己的验证代码。

2. 显示数据验证的信息

验证控件通常在呈现的页面中不可见。但是，如果验证控件检测到错误，它将在页面上显示指定的错误信息文本（通过 ErrorMessage 属性设定）。验证控件的 Display 属性用于确定显示信息的方式，此属性可以指定以下三个取值：

① Static：指定为此值是，验证程序控件显示错误信息时不会影响现有网页的布局。但要求在页面设计时必须留出专门的空间用于显示错误信息。因此，同一输入控件的多个验证程序必须

在页面上占据不同的位置。

② Dynamic：指定此值时，页面上没有预先为出错信息预留空间，而是动态地在页面上增加 HTML 代码以显示错误信息，这就有可能破坏页面的已有布局。因此，用于显示验证程序错误信息的 HTML 元素必须足够大，可以容得下要显示的最长的错误信息。使用 Dynamic 方式的优点是多个程序可以在页面上共享同一个物理位置。

③ None：指定此值时，所有错误信息只显示在 ValidationSummary 控件中。ValidationSummary 控件专用于接收网页中验证控件的信息并以合适的方式显示在网页上。它有以下三种方式显示验证信息：

- BulletList：以项目符号列表方式显示验证信息。
- List：以一个列表的方式显示验证信息。
- SingleParagraph：用一个独立的文本段来显示验证信息。

这三种方式可以通过给 ValidationSummary 控件的 DisplayMode 属性赋值来选定。

另外，通过分别设置 ValidationSummary 控件的 ShowSummary 和 ShowMessageBox 属性，可以选择是在网页上还是在客户端的弹出消息框中显示信息。

3. 用代码来控制验证过程

ASP.NET 数据验证控件设计得便于使用，许多情况下不需要人工书写代码，但 ASP.NET 仍然提供了让 Web 软件工程师书写代码来控制数据验证过程的方法。

第一，每个验证控件都会公开自己的 IsValid 属性，该属性指明数据是否通过了本控件的验证。可以通过调用验证控件的 Validate 方法来人工执行数据验证过程，Vallidate 方法会根据验证的结果设置它的 IsValid 属性。

第二，Page 公开了一个 IsValid 属性，当其为 true 时，表示数据已通过页面上所有验证控件的验证。

Page 类还公开一个包含页面上所有验证控件的 Validators 集合属性。可以遍历这一集合来访问单个验证控件的状态。

第三，如果需要的话，可以通过为 CustomValidator 控件编写代码来进行特定的数据验证功能。

第四，由于验证是在回发时引发的，因此，通过将引发回发的控件的 CausesValidation 属性设置为 false，可以停止使用 ASP.NET 所提供的数据验证功能，而完全采用手写代码的方法进行数据验证。

4.3 使用验证控件

ASP.NET 提供了强大的验证控件，它可以验证服务器控件中用户的输入，并在验证失败的情况下显示一条自定义错误消息。验证控件直接在客户端执行，用户提交后执行相应的验证无须使用服务器端进行验证操作，从而减少了服务器与客户端之间的往返过程。

4.3.1 表单验证控件（RequiredFieldValidator）

在实际的应用中，当用户填写表单时，有一些项目是必填项，如用户名和密码。在传统的 ASP 中，当用户填写表单后，页面需要被发送到服务器并判断表单中的某项 HTML 控件的值是否为空，如果为空，则返回错误信息。在 ASP.NET 中，系统提供了 RequiredFieldValidator 验证控件进行验证。使用 RequiredFieldValidator 控件能够指定某个用户在特定的控件中必须提供相应的信息，如果不填写相应的信息，RequiredFieldValidator 控件就会提示错误信息。

RequiredFieldValidator 验证控件的常用属性如下：

① BackColor：RequiredFieldValidator 控件的背景颜色。
② ControlToValidate：要验证的控件的 ID。
③ Display：验证控件的显示行为。
④ EnableClientScript：布尔值，规定是否启用客户端验证。
⑤ Enabled：布尔值，规定是否启用验证控件。
⑥ ErrorMessage：当验证失败时，在 ValidationSummary 控件中显示的文本。
⑦ ForeColor：该控件的前景色。
⑧ id：控件的唯一 ID。
⑨ InitialValue：规定输入控件的初始值（开始值），默认为空值，即""。
⑩ IsValid：布尔值，指示关联的输入控件是否通过验证。
⑪ runat：规定该控件是一个服务器控件，必须设置为"server"。
⑫ Text：当验证失败时显示的消息。

RequiredFieldValidator 控件示例代码如下：

```
<div>
  姓名：<asp:TextBox ID="txtName" runat="server"></asp:TextBox>
 <asp:RequiredFieldValidator ID="RequiredFieldValidator1" runat="server"
       ControlToValidate="txtName" ErrorMessage="姓名不能为空！">
  </asp:RequiredFieldValidator>
  <br/>
  <br/>
  密码：<asp:TextBox ID="txtPwd" runat="server"></asp:TextBox>
 <asp:RequiredFieldValidator ID="RequiredFieldValidator2" runat="server"
       ControlToValidate="txtPwd" ErrorMessage="请输入密码">
  </asp:RequiredFieldValidator>
  <br/>
  <br/>
  <asp:Button ID="btnOK" runat="server" Text="确　定" />
</div>
```

在进行验证时，RequiredFieldValidator 控件必须绑定一个服务器控件，在上述代码中，验证控件 RequiredFieldValidator1 控件的服务器控件绑定为 txtName 的 TextBox，当 txtName 中的值为空时，则会提示自定义错误信息"姓名不能为空！"，验证控件 RequiredFieldValidator2 控件的服务器控件绑定为 txtPwd 的 TextBox，当 txtPwd 中的值为空时，则会提示自定义错误信息"请输入密码"，如图 4-1 所示。

当用户名选项未填写时，会提示必填字段不能为空，并且该验证在客户端执行。当发生此错误时，用户会立即看到该错误提示而不会立即进行页面提交，当用户填写完成并再次单击按钮控件时，页面才会向服务器提交。

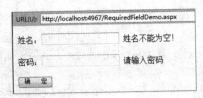

图 4-1　RequiredFieldValidator 验证控件

4.3.2　比较验证控件（CompareValidator）

比较验证控件对照特定的数据类型来验证用户的输入。因为当用户输入用户信息时，难免会输入错误信息，如需要了解用户的生日时，用户很可能输入了其他的字符串。CompareValidator 比较验证控件能够比较控件中的值是否符合开发人员的需要。CompareValidator 控件的特有属性如下所示：

① BackColor：CompareValidator 控件的背景颜色。
② ControlToCompare：要与所验证的输入控件进行比较的输入控件。
③ ControlToValidate：要验证的输入控件的 ID。
④ Display：验证控件中错误信息的显示行为。合法值是 None，验证消息从不内联显示；Static 表示在页面布局中分配用于显示验证消息的空间；Dynamic 表示如果验证失败，将用于显示验证消息的空间动态添加到页面。
⑤ EnableClientScript：布尔值，规定是否启用客户端验证。
⑥ Enabled：布尔值，规定是否启用验证控件。
⑦ ErrorMessage：当验证失败时，在 ValidationSummary 控件中显示的文本。
⑧ ForeColor：控件的前景颜色。
⑨ ID：控件的唯一 ID。
⑩ IsValid：布尔值，指示由 ControlToValidate 指定的输入控件是否通过验证。
⑪ Operator：要执行的比较操作的类型。运算符是：Equal、GreaterThan、GreaterThanEqual、LessThan、LessThanEqual、NotEqual、DataTypeCheck。
⑫ runat：规定控件是服务器控件，必须设置为"server"。
⑬ Text：当验证失败时显示的消息。
⑭ Type：规定要对比的值的数据类型。类型有：Currency、Date、Double、Integer、String。
⑮ ValueToCompare：一个常数值，该值要与由用户输入到所验证的输入控件中的值进行比较。

当使用 CompareValidator 控件时，可以方便地判断用户是否正确输入，示例代码如下：

```
<div>
        年    龄:
        <asp:TextBox ID="txtAge1" runat="server"></asp:TextBox>
          
        <asp:CompareValidator ID="CompareValidator1" runat="server"
            ControlToValidate="txtAge1" ErrorMessage="年龄应超过18 岁"
            Operator="GreaterThanEqual" Type="Integer" ValueToCompare="18">
        </asp:CompareValidator>
```

```
        <br/>
        <br/>
        确定年龄: <asp:TextBox ID="txtAge2" runat="server"></asp:TextBox>
          
        <asp:CompareValidator ID="CompareValidator2" runat="server"
            ControlToCompare="txtAge1" ControlToValidate="txtAge2" ErrorMessage=
"输入的年龄不相符" Type="Integer"></asp:CompareValidator>
        <br/>
        <br/>
        起始日期: <asp:TextBox ID="txtBeginDate" runat="server"></asp:TextBox>
          
        <asp:CompareValidator ID="CompareValidator3" runat="server"
            ControlToValidate="txtBeginDate" ErrorMessage="日期无效" Operator=
"DataTypeCheck" Type="Date"></asp:CompareValidator>
        <br/>
        <br/>
        截止日期: <asp:TextBox ID="txtEndDate" runat="server"></asp:TextBox>
          
        <asp:CompareValidator ID="CompareValidator4" runat="server"
            ControlToCompare="txtBeginDate" ControlToValidate="txtEndDate"
            ErrorMessage="截止日期应晚于起始日期" Operator="GreaterThan" Type=
"Date"></asp:CompareValidator>
        <br/>
        <br/>
        <asp:Button ID="Button1" runat="server" Text="Button"/>
    </div>
```

上述代码判断"年龄"与"确定年龄"的输入是否一致，截止日期是否大于起始日期，当输入的年龄与确定年龄不一致或截止日期小于起始日期时，都会提示错误，如图4-2所示。

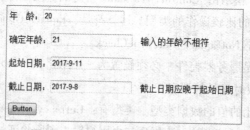

图4-2 CompareValidator 验证控件

CompareValidator 验证控件不仅能够验证两个控件之间的值是否相等，还可以验证输入的格式是否正确。如果输入的格式不正确，CompareValidator 验证控件同样会将自定义错误信息呈现在用户的客户端浏览器中。

4.3.3 范围验证控件（RangeValidator）

范围验证控件（RangeValidator）可以检查用户的输入是否在指定的上限与下限之间。通常情况下用于检查数字、日期、货币等。RangeValidator 控件的常用属性如下所示：

① ControlToValidate：要验证的控件的 ID。
② Display：验证控件的显示行为。
③ EnableClientScript：布尔值，规定是否启用客户端验证。
④ Enabled：布尔值，规定是否启用验证控件。
⑤ ErrorMessage：当验证失败时，在 ValidationSummary 控件中显示的文本。
⑥ IsValid：布尔值，指示关联的输入控件是否通过验证。
⑦ MaximumValue：规定输入控件的最大值。
⑧ MinimumValue：规定输入控件的最小值。
⑨ Type：规定要检测的值的数据类型。类型有：Currency，Date，Double，Integer，String。
⑩ Text：当验证失败时显示的消息。

通常情况下，为了控制用户输入的范围，可以使用该控件。当输入用户的生日时，今年是 2018 年，那么用户就不应该输入 2019 年。同样基本上很少有人的寿命会超过 100 岁，所以对输入的日期的上下限也需要进行设定，示例代码如下：

```
<div>
    年       龄：
    <asp:TextBox ID="txtAge" runat="server"></asp:TextBox>
     
    <asp:RangeValidator ID="RangeValidator1" runat="server"
        ControlToValidate="txtAge" ErrorMessage="输入的整数不在范围之内（1-100）"
    MaximumValue="100" MinimumValue="1" Type="Integer"></asp:RangeValidator>
    <br/>
    <br/>
    预约日期：<asp:TextBox ID="txtDate" runat="server"></asp:TextBox>
     
    <asp:RangeValidator ID="RangeValidator2" runat="server"
        ErrorMessage="输入范围：2018-3-1~2018-4-30" ControlToValidate="txtDate"
        MaximumValue="2018-4-30" MinimumValue="2018-3-1"></asp:RangeValidator>
</div>
```

上述代码将 MinimumValue 属性值设置为 2018/3/1，并将 MaximumValue 的值设置为 2018/4/30，当用户所填的日期低于最小值或高于最高值时，则会提示错误，如图 4-3 所示。

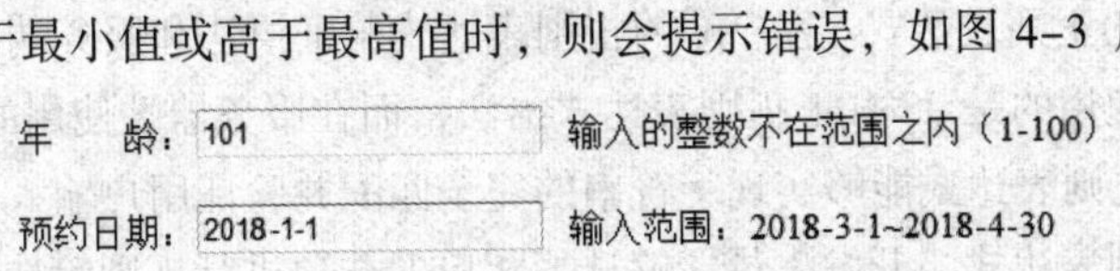

年　龄：101　　　　　输入的整数不在范围之内（1-100）
预约日期：2018-1-1　　　输入范围：2018-3-1~2018-4-30

图 4-3　RangeValidator 验证控件 1

注意：RangeValidator 验证控件在进行控件值的范围的设定时，其范围不仅仅可以是一个日期值，还可以是时间、整数等值。

下面的例子是验证输入的数是否在 2~9 之间，相关代码如下：

```
<div>
    请输入一个数
```

```
        <asp:TextBox ID="TextBox1" runat="server"></asp:TextBox>
        <asp:RangeValidator ID="RangeValidator1" runat="server" BackColor="#009900"
            ControlToValidate="TextBox1" ErrorMessage="请输入大于 1 小于 10 的数"
            ForeColor="White" MaximumValue="9" MinimumValue="2" Type="Integer">
        </asp:RangeValidator>
    </div>
```

上述代码将 MaximumValue 设置为 9，将 MinimumValue 设置为 2，将 Type 设置为 Integer，运行结果如图 4-4 所示。

图 4-4　RangeValidator 验证控件 2

4.3.4　正则验证控件（RegularExpressionValidator）

上述控件虽然能够实现一些验证，但是验证的能力有限。例如，在验证的过程中，只能验证是否是数字、日期，或者在验证时，只能验证一定范围内的数值。这些控件提供了一些验证功能，但也限制了开发人员进行自定义验证和错误信息的开发。为实现一个验证，很可能需要多个控件同时搭配使用。

正则验证控件（RegularExpressionValidator）很好地解决了这个问题，其功能非常强大，它用于确定输入的控件的值是否与某个正则表达式所定义的模式相匹配，如电子邮件、电话号码及序列号等。RegularExpressionValidator 的属性如下：

① ControlToValidate：要验证的控件的 ID。

② Display：验证控件的显示行为。

③ ErrorMessage：当验证失败时，在 ValidationSummary 控件中显示的文本。

④ IsValid：布尔值，指示关联的输入控件是否通过验证。

⑤ runat：规定该控件是一个服务器控件，必须设置为"server"。

⑥ Text：当验证失败时显示的消息。

⑦ ValidationExpression：规定验证输入控件的正则表达式。

正则验证控件（RegularExpressionValidator）常用的属性是 ValidationExpression，它用来指定用于验证的输入控件的正则表达式。客户端的正则表达式验证语法和服务端的正则表达式验证语法不同，因为在客户端使用的是 JScript 正则表达式语法，而在服务器端使用的是 Regex 类提供的正则表达式语法。使用正则表达式能够实现字符串的完全匹配并验证用户输入的格式是否正确，系统提供了一些常用的正则表达式，开发人员能够选择相应的选项进行规则筛选，如图 4-5 所示。

图 4-5　系统提供的常用正则表达式

当选择了正则表达式后，系统自动生成的 HTML 代码如下：

```
<div>
    Email: <asp:TextBox ID="txtEmail" runat="server"></asp:TextBox>
 
<asp:RegularExpressionValidator ID="RegularExpressionValidator1" runat=
"server"
        ControlToValidate="txtEmail" ErrorMessage="输入的邮件格式不正确"
        ValidationExpression="\w+([-+.']\w+)*@\w+([-.]\w+)*\.\w+([-.]\w+)*">
</asp:RegularExpressionValidator>
<br/>
<br/>
电话: <asp:TextBox ID="txtPhone" runat="server"></asp:TextBox>
 
<asp:RegularExpressionValidator ID="RegularExpressionValidator2" runat=
"server"
        ControlToValidate="txtPhone" ErrorMessage="电话格式不正确"
        ValidationExpression="(\(\d{3}\)|\d{3}-)?\d{8}">
</asp:Regular ExpressionValidator>
<br/>
<br/>
手机: <asp:TextBox ID="txtCellphone" runat="server"></asp:TextBox>
 
<asp:RegularExpressionValidator ID="RegularExpressionValidator4" runat=
"server"
        ControlToValidate="txtCellphone" ErrorMessage="手机号码格式不正确"
        ValidationExpression="\d{11}"></asp:RegularExpressionValidator>
<br/>
<br/>
邮编: <asp:TextBox ID="txtZip" runat="server"></asp:TextBox>
 
<asp:RegularExpressionValidator ID="RegularExpressionValidator3" runat=
"server"
        ControlToValidate="txtZip" ErrorMessage="邮编格式不正确"
        ValidationExpression="\d{6}"></asp:RegularExpressionValidator>
</div>
```

运行后当用户单击按钮控件时，如果输入的信息与相应的正则表达式不匹配，则会提示错误信息，如图 4-6 所示。

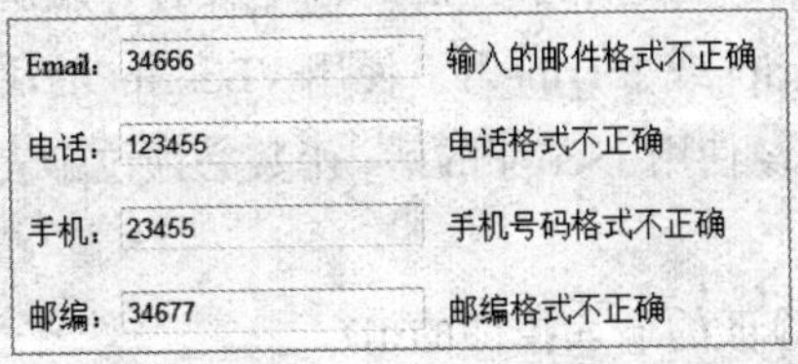

图 4-6 RegularExpressionValidator 验证控件

同样，开发人员也可以自定义正则表达式来规范用户的输入。使用正则表达式一方面能够加快验证速度，在字符串中快速匹配；另一方面能够减少复杂的应用程序的功能开发和实现。

注意：当用户输入为空时，其他的验证控件都会验证通过。因此，在验证控件的使用中，通常需要与表单验证控件（RequiredFieldValidator）一起使用。

很多网站在注册的时候都要求用户名是以字母开头，后面是字母或数字，长度6～16位，这也可通过正则表达式验证控件来实现的，相关代码如下：

```
<div>
    用户名<asp:TextBox ID="TextBox1" runat="server"></asp:TextBox>
    <br/>
    <asp:RegularExpressionValidator ID="RegularExpressionValidator1" runat="server"
        BackColor="#FF9900" ControlToValidate="TextBox1"
        ErrorMessage="请以字母开头，输6-16位字母或数字"
        ValidationExpression="^[a-zA-Z][a-zA-Z0-9_]{5,15}$">
    </asp:RegularExpressionValidator>
    <asp:RequiredFieldValidator ID="RequiredFieldValidator1" runat="server"
        BackColor="#666633" ControlToValidate="TextBox1" ErrorMessage="用户名不能为空">
    </asp:RequiredFieldValidator>
    <br/>
    密码<asp:TextBox ID="TextBox2" runat="server"></asp:TextBox>
</div>
```

需注意正则表达式的设置，^[a-zA-Z]表示以字母开头，[a-zA-Z0-9_]{5,15}$表示后面的字母或数字为5～15位。运行结果如图4-7所示。

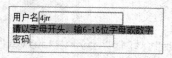

图4-7 用户名验证

4.3.5 自定义逻辑验证控件（CustomValidator）

自定义逻辑验证控件（CustomValidator）允许使用自定义的验证逻辑创建验证控件。它的常用属性如下：

① BackColor：CustomValidator控件的背景颜色。

② ClientValidationFunction：规定用于验证的自定义客户端脚本函数的名称。脚本必须用浏览器支持的语言编写，如VBScript或JScript等。使用VBScript的话，函数必须位于表单中，如Sub FunctionName (source, arguments)；使用JScript的话，函数必须位于表单中，如Function FunctionName (source, arguments)。

③ ControlToValidate：要验证的输入控件的ID。

④ Display：验证控件中错误信息的显示行为。

⑤ Enabled：布尔值，该值指示是否启用验证控件。

⑥ ErrorMessage：当验证失败时，ValidationSummary控件中显示的错误信息的文本。

⑦ ForeColor:控件的前景色。
⑧ ID:控件的唯一 ID。
⑨ IsValid:布尔值,该值指示关联的输入控件是否通过验证。
⑩ OnServerValidate:规定被执行的服务器端验证脚本函数的名称。
⑪ runat:规定该控件是服务器控件,必须设置为"server"。
⑫ Text:当验证失败时显示的文本。

例如,可以创建一个验证控件判断用户输入的字符长度,示例代码如下:

```
<div>
    输入整数: <asp:TextBox ID="txtNum" runat="server"></asp:TextBox>
      
    <asp:CustomValidator ID="CustomValidator1" runat="server"
        ControlToValidate="txtNum" ErrorMessage="输入的值必须是 5 的倍数"
        onservervalidate="CustomValidator1_ServerValidate">
    </asp:CustomValidator>
     
    <asp:CompareValidator ID="CompareValidator1" runat="server"
        ControlToValidate="txtNum" ErrorMessage="请输入整数" Operator=
        "DataTypeCheck" Type="Integer">
    </asp:CompareValidator>
     
    <asp:RequiredFieldValidator ID="RequiredFieldValidator1" runat="server"
        ControlToValidate="txtNum" ErrorMessage="输入的值不许为空">
    </asp:RequiredFieldValidator>
    <br/>
    <br/>
    用户名: <asp:TextBox ID="txtName" runat="server"></asp:TextBox>
      
    <asp:Label ID="lblName" runat="server"></asp:Label>
     
    <asp:CustomValidator ID="CustomValidator2" runat="server"
        ControlToValidate="txtName" ErrorMessage="用户名已存在"
        onservervalidate="CustomValidator2_ServerValidate">
    </asp:CustomValidator>
    <br/>
    <br/>
    <asp:Button ID="btnCheck" runat="server" Text="验 证" onclick="btn
        Check_Click" />
       
    <asp:Label ID="lblMsg" runat="server"></asp:Label>
    <br/>
</div>
```

也可进行验证控件自身的验证及用户自定义验证,相关代码如下:

```
protected void CustomValidator1_ServerValidate(object source, Server Validate
EventArgs args)
```

```
        {
            int i = int.Parse(args.Value);
            if(i % 5 == 0)
                args.IsValid = true;
            else
                args.IsValid = false;
        }
        protected void CustomValidator2_ServerValidate(object source, ServerValidateEventArgs args)
        {
            if(args.Value == "user")
            {
                args.IsValid = false;
                lblName.Text = "";
            }
            else
            {
                args.IsValid = true;
                lblName.Text = "该用户名可用";
            }
        }
        protected void btnCheck_Click(object sender, EventArgs e)
        {
            if(Page.IsValid)
                lblMsg.Text = "验证成功";
            else
                lblMsg.Text = "验证不成功";
        }
```

上述代码的运行结果如图 4-8 所示。

从 CustomValidator 验证控件的验证代码可以看出，CustomValidator 验证控件可以在服务器上执行验

图 4-8　CustomValidator 验证控件

证检查。如果要创建服务器端的验证函数，则处理 CustomValidator 控件的 ServerValidate 事件。使用传入的 ServerValidateEventArgs 的对象的 IsValid 字段来设置是否通过验证。

而 CustomValidator 控件同样也可以在客户端实现，该验证函数可用 VBScript 或 JScript 来实现，而在 CustomValidator 控件中需要使用 ClientValidationFunction 属性指定与 CustomValidator 控件相关的客户端验证脚本的函数名称进行控件中的值的验证。

4.3.6　验证组控件（ValidationSummary）

验证组控件（ValidationSummary）能够对同一页面的多个控件进行验证。同时，验证组控件（ValidationSummary）通过 ErrorMessage 属性为页面上的每个验证控件显式错误信息。验证组控件（ValidationSummary）的常用属性如下所示：

① DisplayMode：如何显示摘要。合法值有：BulletList，ListSingleParagraph。
② EnableClientScript：布尔值，规定是否启用客户端验证。
③ Enabled：布尔值，规定是否启用验证控件。
④ ForeColor：该控件的前景色。

⑤ HeaderText：ValidationSummary 控件中的标题文本。
⑥ ID：控件的唯一 ID。
⑦ runat：规定该控件是一个服务器控件，必须设置为"server"。
⑧ ShowMessageBox：布尔值，指示是否在消息框中显示验证摘要。
⑨ ShowSummary：布尔值，规定是否显示验证摘要。

验证控件能够显示页面的多个控件产生的错误，示例代码如下：

```
<div>
    用 户 名：
    <asp:TextBox ID="txtUserName" runat="server"> </asp:TextBox>
     
    <asp:RequiredFieldValidator ID="RequiredFieldValidator1" runat="server"
        ControlToValidate="txtUserName" ErrorMessage="用户名不能为空">
    </asp:RequiredFieldValidator>
    <br/>
    用户密码：
    <asp:TextBox ID="txtPassword" runat="server" TextMode= "Password">
    </asp:TextBox>
     
    <asp:CompareValidator ID="CompareValidator1" runat="server"
        ControlToCompare="txtPassword" ControlToValidate="txtPassword2"
        ErrorMessage="两次密码不一致"></asp:CompareValidator>
    <br/>
    确认密码：
    <asp:TextBox ID="txtPassword2" runat="server" TextMode= "Password">
    </asp:TextBox>
    <br/>
                   
    <asp:Button ID="btnSubmit" runat="server" Text="提交" />
    <br/>
    <asp:ValidationSummary ID="ValidationSummary1" runat="server"
        DisplayMode="List"/>
</div>
```

运行结果如图 4-9 所示。

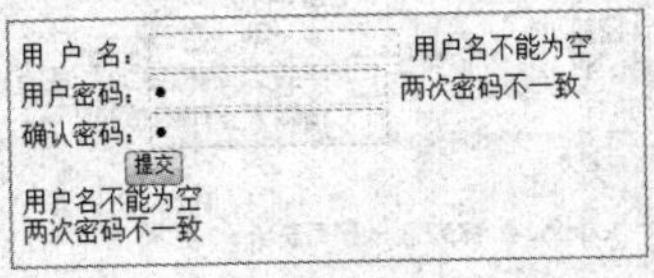

图 4-9　ValidationSummary 验证控件

当有多个错误发生时，ValidationSummary 控件能够捕获多个验证错误并呈现给用户，这样就避免了一个表单在多个验证时需要使用多个验证控件进行绑定，使用 ValidationSummary 控件就无须为每个需要验证的控件进行绑定。

在一个正常页面中，可能需要用到多个验证控件，这样就需要把所有的验证结果统一显示出来，示例代码如下：

```
<div>
    用户名<asp:TextBox ID="TextBox1" runat="server"></asp:TextBox>
    <asp:RequiredFieldValidator ID="RequiredFieldValidator1" runat="server"
        ControlToValidate="TextBox1" ErrorMessage="用户名不能为空">
    </asp:RequiredFieldValidator>
    <br/>
    密码<asp:TextBox ID="TextBox2" runat="server"></asp:TextBox>
    <asp:RequiredFieldValidator ID="RequiredFieldValidator2" runat="server"
        ControlToValidate="TextBox2" ErrorMessage="密码不能为空">
    </asp:RequiredFieldValidator>
    <br/>
    确认密码<asp:TextBox ID="TextBox3" runat="server"></asp:TextBox>
    <asp:CompareValidator ID="CompareValidator1" runat="server"
        ControlToCompare="TextBox2" ControlToValidate="TextBox3"
        ErrorMessage="两次密码不一致"></asp:CompareValidator>
    <br/>
    年龄<asp:TextBox ID="TextBox4" runat="server"></asp:TextBox>
    <asp:RangeValidator ID="RangeValidator1" runat="server"
        ControlToValidate="TextBox4" ErrorMessage="年龄必须在1-100之间"
        MaximumValue="100" MinimumValue="1" Type="Integer">
    </asp:RangeValidator>
    <br/>
    邮箱<asp:TextBox ID="TextBox5" runat="server"></asp:TextBox>
    <asp:RegularExpressionValidator ID="RegularExpressionValidator1" runat=
    "server"
        ControlToValidate="TextBox5" ErrorMessage="请输入正确的邮箱"
        ValidationExpression="\w+([-+.']\w+)*@\w+([-.]\w+)*\.\w+([-.]\ w+)*">
    </asp:RegularExpressionValidator>
    <br/>
    <asp:Button ID="Button1" runat="server" Text="提交" />
    <br/>
    <asp:ValidationSummary ID="ValidationSummary1" runat="server"
        ShowMessageBox="True" ShowSummary="False" />
</div>
```

运行结果如图4-10所示。

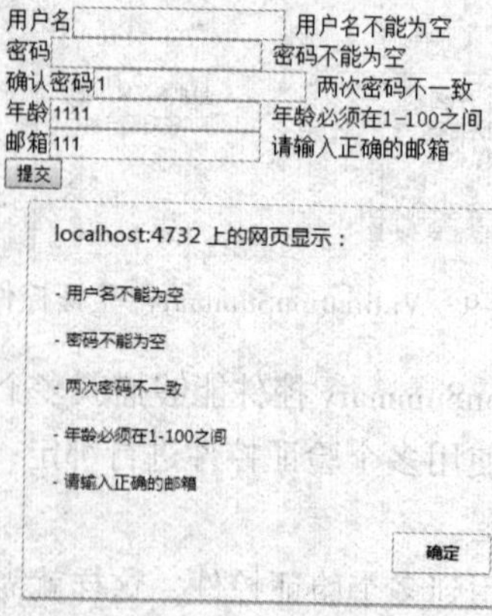

图4-10 多种验证控件汇总

小 结

本章讲解了数据验证控件的使用方法及主要步骤,通过示例完成了代码实现的主要要点。

作 业

掌握常用的数据验证控件的使用方法。

实训 4——验证客户关系管理系统输入信息

实训目标

完成本实训后,能够通过数据验证控件验证客户关系管理系统输入信息的正确性。

实训场景

东升客户关系管理系统需要完成验证客户关系管理系统输入信息功能,在员工账户管理模块中需要对员工的各项输入信息进行验证。在 CRM 项目中添加员工账户管理目录"EmployeeManage",并添加创建新员工页面"CreateEmployee.aspx"和员工信息修改页面"EditEmployeeInfo.aspx",页面中都有用于输入用户信息的表单,当用户在输入相应数据后,则对相应的输入数据进行信息输入的正确性检测。

实训步骤

1. 添加员工账户管理模块目录及相关页面

在 CRM 项目中添加员工账户管理目录"EmployeeManage",并添加创建新员工页面"CreateEmployee.aspx"和员工信息修改页面"EditEmployeeInfo.aspx",如图 4-11 所示。

图 4-11 添加员工账户管理目录"EmployeeManage"

2. 完成新员工账户输入信息的数据验证

编辑创建新员工页面"CreateEmployee.aspx",并对相关字段用户名、电子邮件、密码、身份证号等信息使用验证控件进行数据验证,如图 4-12 所示。

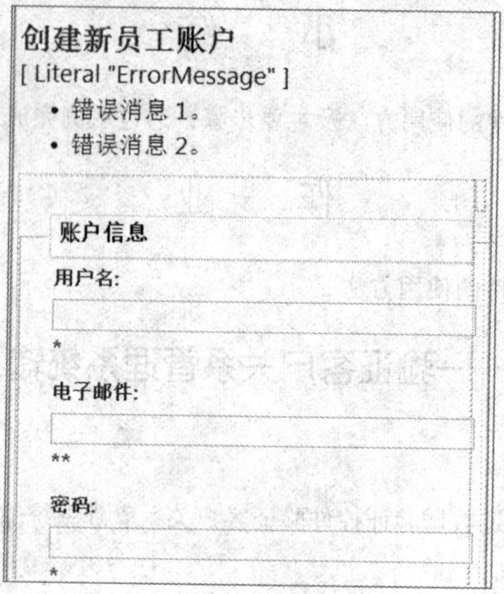

图 4-12　新员工账户输入信息的数据验证

3. 完成编辑员工信息的数据验证

编辑员工信息修改页面"EditEmployeeInfo.aspx",并对相关字段电子邮件、身份证号等信息使用验证控件进行数据验证,如图 4-13 所示。

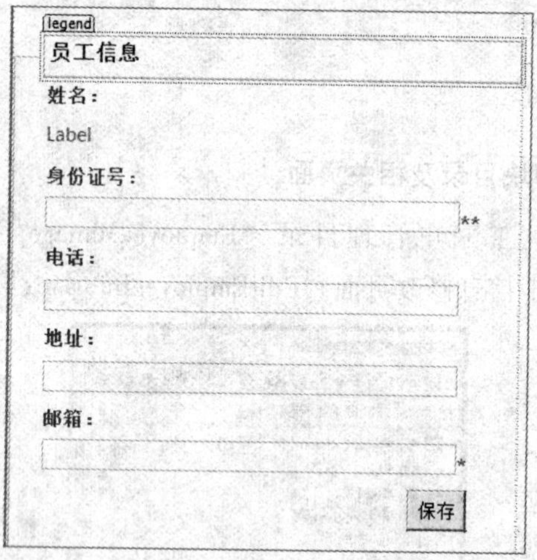

图 4-13　员工修改信息的数据验证

第 5 章　ADO.NET 数据访问技术——管理数据

5.1 使用 ADO.NET 管理销售机会数据

5.1.1 管理网站数据有必要性

以数据为中心的应用程序都要求根据实时用户及系统中的实时数据进行处理，并把实时处理的结果反馈给用户，而不是处理程序开发时就已设定的数据。为此，系统必须有管理自身数据的能力，其中包括对各类数据的添加、删除、修改、查找。

对于 CRM 系统而言，其系统必然包括系统用户账号（即员工账号）、销售机会信息、客户信息等数据，并且根据功能的要求，对相关数据进行增、删、改、查等操作，这些数据的处理也就成为网站开发的核心工作。

本章以完成销售机会相关的数据管理功能实现为例，展现网站数据管理功能的实现。

5.1.2 采用 ADO.NET 技术管理数据的方式

.NET 应用程序中进行数据管理和访问的技术有多种，目前最常用的是以 ADO.NET 为主流技术。ADO.NET 提供简单而灵活的方法，便于开发人员把数据访问和数据处理集成到各类应用程序中。

对于功能和结构都较简单的小型应用程序，ADO.NET 提供方便快捷的数据源控件在界面中直接完成对数据库的各种数据访问，以提高程序开发效率。对于功能较多，要求可维护性较高、扩展性较高的应用系统，ADO.NET 提供整套的框架以实现高性能、高扩展性和可维护性的数据访问方案，特别是针对 SQL Server 7 以上版本，更提供了优化设计的框架完成数据访问，是 ASP.NET 等.NET 平台应用程序数据访问技术的首选。

本章将通过案例展示的方式讲解 ASP.NET 应用程序中完成数据库访问技术及实现步骤，完成本章学习，将能够：

- 了解 ADO.NET 对象模型。
- 掌握使用 ADO.NET 进行数据库访问的方法。
- 掌握 ADO.NET 调用存储过程的方法。

5.2 ADO.NET 概述

Web 应用程序中，数据存储非常重要。因此，应该透彻了解 ADO.NET 为 ASP.NET 应用程序提供的数据访问方法。本节将介绍什么是 ADO.NET 及它是如何工作的？

5.2.1 ADO.NET 及命名空间

1. ADO.NET

ADO.NET 是一系列用于连接和处理数据源的类,ADO.NET 特别适合在无连接的环境中连接数据,这使其成为基于网络的 Web 应用程序的最佳选择,而且 ADO.NET 使用 XML 作为数据库与应用程序之间进行数据传递的形式,保证了其强大的兼容性和灵活性。

2. 命名空间

应用 ADO.NET 一般需要导入两个命名空间,其中 System.Data 命名空间一般必须导入,此外根据访问的数据源的类别选择导入 System.Data.SqlClient 或 System.Data.OleDb 命名空间。

如果访问的是 SQL Server 7 及以上版本的数据库,则选择 SQL Server .NET 数据提供程序,导入 System.Data.SqlClient 命名空间;对于其他数据源,则只能使用 OLE DB .NET 数据提供程序,需要导入 System.Data.OleDb 命名空间。

5.2.2 ADO.NET 对象模型

ADO.NET 对象模型提供了从不同数据源访问数据的结构,使用 ADO.NET 访问数据时可以分成 3 层,如图 5-1 所示。

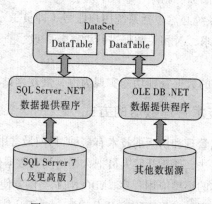

图 5-1 ADO.NET 对象模型

DataSet 由一个或多个 DataTable 组成,一个 DataSet 类型的对象可以看成一个在内存中的小型关系型数据库对象,用于存储数据,不依赖于数据源。

.NET 数据提供程序提供数据源和 DataSet 之间的连接,由数据提供程序完成对数据源的访问。

.NET 数据提供程序主要对象如表 5-1 所示。

表 5-1 .NET 数据提供程序主要对象

.NET 数据提供程序对象	用 途
Connection	提供到数据源的连接
Command	提供访问数据库的命令
DataReader	提供从数据源输出的数据流
DataAdapter	使用 Connection 对象建立 DataSet 与数据提供程序之间的连接,协调完成 DataSet 与数据源之间数据的更新

在 SQL Server .NET 数据提供程序中，以上对象分别对应为 SqlConnection、SqlCommand、SqlDataReader、SqlDataAdapter，而 OLE DB .NET 数据提供程序中，分别对应为 OleDbConnection、OleDbCommand、OleDbDataReader、OleDbDataAdapte 对象，对具体数据源访问则是通过这些对象完成。

5.2.3 DataSet

DataSet 对象用于存储从数据源中收集的数据，数据存储在其中的 DataTable 对象中。处理存储在 DataSet 中的数据并不需要程序与数据源保持连接，仅当 DataSet 中的数据需要更新到数据源中或数据源中的数据更新到 DataSet 中时，才会重新建立与数据源的连接。

DataSet 对象把数据存储在一个或多个 DataTable 中，每个 DataTable 可由来自独立数据源中的数据组成，DataSet 的主要构成如图 5-2 所示。所有 DataTable 对象都存储在 DataSet 对象的 Tables 属性中，并可通过索引进行访问，Rows、Columns 和 Constraints 对象都是 DataTable 类的属性。

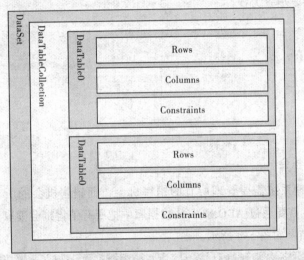

图 5-2 DataSet 主要构成

5.3 连接方式访问关系型数据库

ADO.NET 访问数据库有连接方式和非连接方式两种，连接方式用于在进行数据访问和处理过程中，一直保持与数据源的连接；而非连接方式则是只在读取数据和更改数据时与数据源保持连接，在处理数据的过程中，没有与数据源保持连接状态。本节将完成连接方式访问数据库的方式展示。

5.3.1 连接方式访问数据库方法

为了保证系统的性能和安全性，Web 服务器与数据库服务器常常部署在不同的计算机中，Web 服务器中界面需要处理的数据都通过 ADO.NET 从数据库中读取或写入到数据库中，Web 服务器与数据库服务器建立连接，所有数据库访问的命令和数据都通过此连接在两个服务器之间进行传递，如图 5-3 所示。

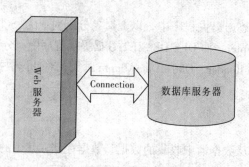

图 5-3 使用 ADO.NET 访问数据库

连接方式访问数据库时，主要使用到的类包括：Connection、Command、DataReader 等，东升客户关系管理系统选用的是 SQL Server 2008，所以 ADO.NET 也选用对应的 SQL Server .NET 数据提供程序（本书不作特殊说明时，ADO.NET 都将使用 SQL Server .NET 数据提供程序完成数据访问）。访问数据库的主要步骤为：

① 创建连接对象；
② 创建命令对象；
③ 打开连接；
④ 发送命令；
⑤ 处理数据；
⑥ 关闭连接。

1. 读取所有销售机会

东升客户关系管理系统需要管理所有的销售机会，而销售机会的所有数据都保存在 SQL Server 数据库，为此，需要通过 ADO.NET 从数据库中把所有销售机会读取到 Web 应用程序中并显示在界面上，显示结果如图 5-4 所示。

图 5-4 显示销售机会列表

根据系统的架构,程序被分成三个主要部分(详见第 1 章),其中 Web 应用程序为用户界面层(UI 层),主要完成与用户的交互;BLL 程序集为业务逻辑层,主要处理所有的业务逻辑和业务规则;DAL 程序集为数据访问层,主要应用 ADO.NET 技术进行数据库的访问。

要完成销售机会的管理,首先需要从数据库中读取所有销售机会,把销售机会数据传递给界面层中的页面,以下步骤则为完成此功能的处理过程,如图 5-5 所示。

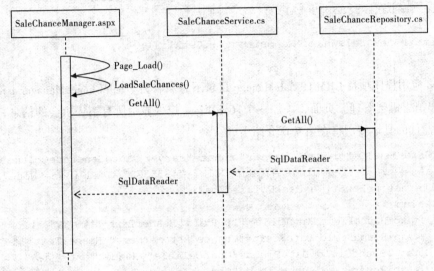

图 5-5　读取并显示所有销售机会的处理过程

打开 CRMsln 解决方案,在 DAL 程序集中添加类 SaleChanceRepository.cs 文件,添加并编写"GetAll"方法,其代码如下:

```
/// <summary>
/// 通过连接方式读取所有的销售数据,读取成功则返回数据读取器,否则返回 null
/// </summary>
/// <returns>读取成功则返回数据读取器;否则返回 null</returns>
public SqlDataReader GetAll()
{
    //连接方式访问数据库的主要步骤
    //①创建连接对象
    SqlConnection con = new SqlConnection(@"integrated security = sspi; server=.; database=DsCrmSecond");
    //②创建命令对象
    SqlCommand cmd = new SqlCommand("SELECT * FROM SaleChance", con);
    //③打开连接
    con.Open();
    //④发送命令
    SqlDataReader reader = cmd.ExecuteReader();
    //⑤处理数据,本功能不需要进行数据的处理,此步骤没有对应代码
    //⑥关闭连接
    //con.Close();
    return reader;
}
```

接着在 BLL 程序集中添加类 SaleChanceService.cs 文件，同样添加并编写"GetAll"方法，完成读取数据的业务操作代码如下：

```csharp
/// <summary>
/// 读取所有销售机会数据，读取成功则返回数据读取器，否则返回 null
/// </summary>
/// <returns>读取成功则返回数据读取器，否则返回 null</returns>
public SqlDataReader GetAll()
{
    return new SaleChanceRepository().GetAll();
}
```

在 Web 应用程序项目 CRM 的 SaleManage 目录下添加名为"SaleChanceManager.aspx"页面，用于设计"销售机会管理"页面，添加一个 GridView 控件显示所有销售机会的信息，代码如下（GridView 控件的具体使用将在第 7 章介绍）：

```aspx
<asp:GridView ID="grdSaleChances" runat="server" AutoGenerateColumns="False"
    CssClass="zi" CellPadding="4" ForeColor="#333333" GridLines="None">
    <AlternatingRowStyle BackColor="White" />
    <Columns>
        <asp:BoundField DataField="ChanceId" HeaderText="编号" Visible="False" />
        <asp:BoundField DataField="ChanceCustomerName" HeaderText="客户名称" />
        <asp:BoundField DataField="ChanceTitle" HeaderText="概要" />
        <asp:BoundField DataField="ChanceLinkMan" HeaderText="联系人" />
        <asp:BoundField DataField="ChanceTelephone" HeaderText="联系人电话" />
        <asp:BoundField DataField="ChanceCreateDate" HeaderText="创建时间"
            DataFormatString="{0:yyyy-MM-dd}" />
        <asp:BoundField DataField="ChanceRate" HeaderText="成功机率" />
    </Columns>
    <EditRowStyle BackColor="#2461BF" />
    <FooterStyle BackColor="#507CD1" Font-Bold="True" ForeColor="White" />
    <HeaderStyle BackColor="#507CD1" Font-Bold="True" ForeColor="White" />
    <PagerStyle BackColor="#2461BF" ForeColor="White" HorizontalAlign="Center" />
    <RowStyle BackColor="#EFF3FB" />
    <SelectedRowStyle BackColor="#D1DDF1" Font-Bold="True" ForeColor="#333333" />
    <SortedAscendingCellStyle BackColor="#F5F7FB" />
    <SortedAscendingHeaderStyle BackColor="#6D95E1" />
    <SortedDescendingCellStyle BackColor="#E9EBEF" />
    <SortedDescendingHeaderStyle BackColor="#4870BE" />
</asp:GridView>
```

打开"SaleChanceManager.aspx.cs"文件，添加一个方法"LoadSaleChances"用于读取并显示所有销售机会，通过以下代码发起读取销售数据的操作，并把读取到的数据绑定到 GridView 控件中：

```csharp
protected void LoadSaleChances()
{
    //读取并显示所有销售机会
    grdSaleChances.DataSource = new SaleChanceService().GetAll();
    grdSaleChances.DataBind();
}
```

再定位到页面加载事件处理程序"Page_Load",在其中调用加载销售机会数据的方法"LoadSaleChances",完成的代码如下:

```
protected void Page_Load(object sender, EventArgs e)
{
    if(!this.IsPostBack)
    {
        ((SiteMaster)Master).PageTitle = this.Title.Trim();
        LoadSaleChances();
    }
}
```

以上过程完成了从界面到数据处理的完整过程,核心代码则是通过连接方式完成了数据库中数据的读取过程。

2. 连接对象

使用 ADO.NET 进行数据访问时,必须通过连接对象(Connection)连接应用程序与数据源,连接对象的创建非常简单,只需要指定应用程序连接到数据库的必要连接信息就可以通过其构造函数创建合适的对象,也可以创建连接对象后打开连接前设置其 ConnectionString 属性为连接字符串。

SqlConnection 对象的连接字符串最少必须包括三个方面的信息:数据库服务器的名字、数据库的名字、数据库登录信息,各部分信息之间用英文分号分隔。简单表达为:谁来连接哪个数据库服务器中的哪个数据库。

数据库服务器的名字包括数据库服务器所有计算机的标识及数据库服务器实例名组成,数据库服务器的实例名由安装服务器服务器时确定,大部分数据库服务器都可能使用了默认实例名,所以只需要在连接字符串中说明其计算机标识(如 IP 地址、计算机名称等)即可,对于数据库服务器与 Web 服务器部署在同一计算机的情况,可直接采用"."来表示,如"server=.;"。

数据库名字即应用程序所访问的数据库名称,连接字符串中表达如"database=DsCrmSecond"。

数据库登录信息指登录数据库的身份验证信息,对于 SQL Server 2008,可以有两种登录方式:混合模式身份验证和 Windows 身份验证。对于 Web 服务器与数据库服务器属于同一个域或同一台计算机时,推荐使用 Windows 身份验证,其连接字符串信息为:"integrated security = sspi;",其他情况则需要使用混合模式身份验证,此时必须在连接字符串中提供登录的 SQL Server 账号和登录密码,其连接字符串信息为:"uid=账号;pwd=密码;",如"uid=sa; pwd=password;"(有关 SQL Server 的安全技术,请参阅相关资料)。

连接对象是命令和数据在 Web 应用程序与数据库之间传递的基础与通道,必须在向数据库发送命令前打开连接,打开连接的方法是调用连接对象的 Open 方法,如上例代码中的第③步。

3. 命令对象

向数据库发送命令必须通过命令对象(Command)。命令对象则是通过连接对象执行 SQL 查询操作,这些查询操作包括 SQL 语句、存储过程或对表的直接访问。如果 SQL 查询中使用了 SELECT 子句,则返回的结果集通常存储在 DataSet 或 DataReader 对象中。命令对象提供了一些 Execute 方法,用于以各种方式执行 SQL 查询。Command 对象的常用属性及常用 Execute 方法如

表 5-2 和表 5-3 所示。

表 5-2 SqlCommand 的常用属性

属 性	说 明
CommandText	设置或获取 T-SQL 语句或存储过程名称，指定将执行的 SQL 查询命令
CommandType	表示 CommandText 属性的执行方式，其值可以是 StoredProcedure、Text 或 TableDirect，如果 CommandText 中的是 T-SQL 语句，则使用其默认值 Text，如果是存储过程，则必须设定为 StoredProcedure
Connection	获取或设置 Command 对象使用的连接对象

表 5-3 Command 的常用 Execute 方法

方 法	说 明
ExecuteNoQuery	返回值类型为 int，表示执行命令时受影响的行数，一般用于对数据库的增、删、改操作
ExecuteReader	返回值类型为 SqlDataReader，一般用于对数据库执行 SELECT 操作从数据库中读取数据
ExecuteScalar	返回值类型为 object，表示查询结果中的第一行第一列的值，其他行和列的数据被忽略，一般用于对数据库执行 SQL 查询后将得到单独的一个元素值

在读取销售机会数据时，就通过构造函数设置了命令对象的 Connection 和 CommandText 属性，最后调用了 ExecuteReader 方法得到数据读取器，最后通过数据读取器读取数据。

4. 数据读取器对象

DataReader 对象是只向前的只读光标，读取数据时需要与数据源的实时连接，提供了循环和使用全部或部分结果集的高效方法。DataReader 对象不能直接实例化，只能使用 Command 对象的 ExecuteReader 方法得到有效的 DataReader 对象。在使用数据读取器完成任务后，一定要关闭连接，否则连接会一直打开，直到被明确关闭为止。

在使用完数据读取器后可以有两种方法关闭连接：一种方法是调用数据读取器的关闭方法然后再调用连接对象的关闭方法；另一种是在调用 Command 对象的 ExecuteReader 时提供 CommandBehavior.CloseConnection 枚举值，这种方法在读取完所有数据后，会自动关闭数据读取器和连接对象。

在读取销售机会数据的过程中，SaleChanceRepository 类中的 GetAll 方法得到的数据读取器对象需要用于界面类的方法中进行数据读取（在 grdSaleChances.DataBind()执行时读取数据），所以在 GetAll 方法中不能关闭连接，只能在界面类的方法中关闭，而此时连接对象无法访问到，所以必须使用第二种方法实现数据读取器和连接对象的自动关闭。

5. 连接字符串的存储

由于连接字符串在每次创建连接对象时都需要使用，如果在源代码中每次创建连接对象时都使用写在代码中的连接字符串（即俗称"硬编码"的现象），那会带来两个严重的问题：一是有可能需要在部署时根据实际情况进行修改，那么需要修改所有的连接字符串，工作量大的同时还很可能导致修改错误；二是修改完连接字符串后需要重新编译程序，工作不方便的同时还很可能导至源码版本的管理混乱。

为了解决这个问题,可以保存连接字符串在网站的配置文件(web.config 文件)中,在部署系统后,根据实际连接字符串直接修改配置文件中的连接字符串,修改后,不需要再次编译程序,直接启动 IIS 即可使配置的连接字符串生效。

打开网站根目录下的 web.config 文件(如果还没有,请右击网站,选择"添加/新建项"菜单项,在"添加新项"对话框中选择"Web 配置文件"选项,不修改文件名,单击"确定"添加按钮,添加此配置文件),找到<connectionStrings/>节,改成

```
<connectionStrings>
    <add name="CRMConnection" connectionString="Integrated Security=SSPI;
        server=.; database=DsCrmSecond" />
</connectionStrings>
```

其中,add 表示添加项,属性 Name 的值为连接字符串的名称,属性 ConnectionString 的值为连接字符串。

为了在 DAL 程序集中能访问到 Web 程序中的配置内容,需要在 DAL 程序集中添加对 System.Configuration 程序集的引用,然后在 SaleChanceRepository.cs 文件中添加对命名空间 System.Configuration 的引用。

最后,在连接对象的构造函数中,使用 ConfigurationManager.ConnectionStrings ["CRMConnection"].ConnectionString 代码原有的硬编码连接字符串。

最后创建的连接对象的代码如下:

```
SqlConnection con = new SqlConnection(ConfigurationManager.ConnectionStrings
["CRMConnection"].ConnectionString);
```

注意:应用程序中应禁止使用硬编码形式的连接字符串,而应该在配置文件中保存连接字符串。

5.3.2 使用参数

在进行 SQL 查询时,执行的 SQL 语句大部分情况下都不是固定不变的,而是根据程序的需要修改其中的部分内容,此时可以根据实际数值进行字符串联接,组成实时的 SQL 命令语句,但这种方式有时会带来数据库的安全隐患,因此这种情况下,选用参数来配置 SQL 命令是更好的方案。

创建参数需要声明 SqlParameter 类的实例,并设置必要的属性,然后添加到命令对象的参数集合属性中(Parameters),则参数对象的值自动应用到命令中。SqlParameter 类的主要属性如表 5-4 所示。

表 5-4 SqlParameter 的常用属性

属性	说明
ParameterName	获取或设置参数的名称
SqlDbType	获取或设置参数值的 SQL Server 数据库类型
Direction	获取或设置参数的方向,如 Input、Output、ReturnValue
Value	获取或设置参数的值,命令运行时这个值可以在数据库和 C#代码中的参数变量之间进行传递

在已有的销售机会中，需要完成对指定的销售机会数据进行修改，首先就必须从数据库中读取指定的销售机会，本例中，读取编号为 1 的销售机会，显示在 EditSaleChance.aspx 页面中，然后提供修改功能。

打开 CRM 项目下 "SaleManage" 目录下的销售机会编辑页面 "EditSaleChance.aspx"，目前假设对编号为 1 的销售机会进行编辑，后续章节中将实现对任意选中的销售机会完成编辑保存的功能。

遵循本系统的主体结构，仍在 DAL 程序集中完成数据访问功能，页面中调用 BLL 程序集中对应服务类对象读取数据。

程序完成后，运行结果如图 5-6 所示。

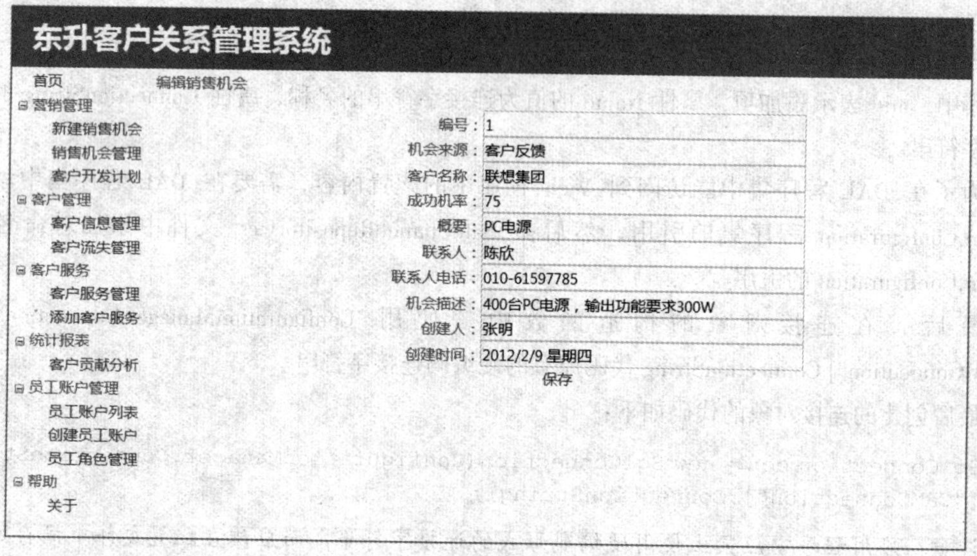

图 5-6 编辑销售机会页面

1. 读取指定销售机会数据

打开 DAL 程序集中的 SaleChanceRepository.cs 文件，添加一个名为 "GetById" 方法用于读取指定的销售机会，其代码如下：

```
/// <summary>
/// 读取指定的销售机会
/// </summary>
/// <param name="chanceId">销售机会编号</param>
/// <returns></returns>
public SqlDataReader GetById(int chanceId)
{
    //连接方式访问数据库的主要步骤
    //①创建连接对象
    SqlConnection con = new SqlConnection(ConfigurationManager.
ConnectionStrings ["CRMConnection"].ConnectionString);
    //②创建命令对象
    SqlCommand cmd = new SqlCommand("SELECT * FROM SaleChance WHERE ChanceId=@ChanceId", con);
    //为查询语句中的参数创建匹配的参数变量
```

```
        SqlParameter prmChanceId = new SqlParameter();
        prmChanceId.ParameterName = "@ChanceId";
        prmChanceId.SqlDbType = SqlDbType.Int;
        prmChanceId.Direction = ParameterDirection.Input;
        prmChanceId.Value = chanceId;
        //把参数变量添加到命令的参数集合属性中
        cmd.Parameters.Add(prmChanceId);
        //③打开连接
        con.Open();
        //④发送命令
        SqlDataReader reader = cmd.ExecuteReader(CommandBehavior.CloseConnection);
        //⑤处理数据,本功能不需要进行数据的处理,此步骤没有对应代码
        //⑥关闭连接
        //con.Close();

        return reader;
    }
```

其中,向数据库发送的 SQL 查询语句中,销售机会的编号将在程序运行过程中,根据实际需要编辑的销售机会实际编号而变化,在此,SQL 查询中把可变化的部分设计为参数,在查询语句中用 SQL Server 的参数代替,SQL 查询中的参数名称必须按相应的规范命名,即使用 "@" 开头的一个字符串,其内部不要包含有空格等符号。命令对象在向数据库发送命令时,将根据实际的销售机会编号值替换此参数。

为了实现参数的自动替换,必须使命令对象明确找到对应的值,为此,ADO.NET 中提供了 C#语言对应的参数类型 SqlParameter,在创建好参数对象后,设置参数对象的常用属性,然后再把参数对象添加到命令对象的 Parameters 属性即可。

注意:参数对象的 ParameterName 属性值必须和命令对象的 SQL 查询语句中 SQL 参数的名称完全一样,因为命令对象在替换参数值时,是按照此名称进行一一对应的。

得到销售机会对应的数据读取器后,返回到 BLL 程序集中 SaleChanceService 类,添加同名方法,代码如下所示:

```
public SqlDataReader GetById(int chanceId)
{
    return new SaleChanceRepository().GetById(chanceId);
}
```

再返回到编辑页面的后台代码 "EditSaleChance.aspx.cs" 文件,添加一个用于读取并加载数据的方法 "LoadData",其代码如下:

```
protected void LoadData()
{
    //读取编号为 1 的销售机会信息
    int chanceId = 1;
    SqlDataReader reader = new SaleChanceService().GetById(chanceId);
    if(reader != null)
    {
```

```csharp
            if(reader.Read())
            {
                txtId.Text = Convert.ToString(reader["ChanceId"]);
                txtChanceSource.Text = Convert.ToString(reader["ChanceSource"]);
                txtChanceCustomerName.Text =
                    Convert.ToString(reader["ChanceCustomerName"]);
                txtChanceTitle.Text = Convert.ToString(reader["ChanceTitle"]);
                txtChanceRate.Text = Convert.ToString(reader["ChanceRate"]);
                txtChanceLinkMan.Text = Convert.ToString(reader["ChanceLinkMan"]);
                txtChanceTelephone.Text =
                    Convert.ToString(reader["ChanceTelephone"]);
                txtChanceDescription.Text =
                    Convert.ToString(reader["ChanceDescription"]);
                txtChanceCreateDate.Text =
                    Convert.ToString(reader["ChanceCreateDate"]);
                string creatorId = Convert.ToString(reader["ChanceCreatorId"]);
                lblSignTo.Text = Convert.ToString(reader["ChanceDueTo"]);
                //读取创建销售机会用户的用户名
                SqlDataReader userReader =
                    new UsersInfoService().GetUserById(creatorId);
                if(userReader != null)
                {
                    if(userReader.Read())
                    {
                        txtChanceCreatorName.Text =
                            Convert.ToString(userReader["UserName"]);
                        userReader.close();
                    }
                }
            }
            reader.close();
        }
    }
}
```

其中销售机会信息中涉及用户信息的读取，需要在DAL层中添加一个类文件UsersInfoRepository.cs，并在该类中添加一个用于获取指定ID的用户信息的"GetUserById"方法，同时需要在BLL层添加相应的逻辑处理类UsersInfoService.cs，也添加相应的同名方法。

再定位到页面加载事件处理程序"Page_Load"，在其中调用加载数据的方法"LoadData"，完成的代码如下：

```csharp
protected void Page_Load(object sender, EventArgs e)
{
    if(!IsPostBack)
    {
        ((SiteMaster)Master).PageTitle = this.Title.Trim();
    }
    LoadData();
}
```

2. 控制数据读取

在上例读取销售数据的代码中，页面加载数据时，开发人员需要控制读取到的销售数据，分别读取其中的各项数据，并显示到对应控件上去，为此需要控制数据读取器对数据的读取。

当调用 Command 对象的 ExecuteReader 方法之后，可以通过调用 DataReader 对象的 Read 方法，读取 DataReader 对象中的一个记录。因为 DataReader 对象默认的位置是第一个记录的前面，所以在读取任何数据前，必须先调用一次 Read 方法，如果此方法的返回值为 true，则 DataReader 对象读取到了下一行数据，否则表示已读取完所有的数据行。

为了从 DataReader 对象的当前记录中读取指定字段的数据，可以通过顺序编号、名字或适当的 Get 方法等来完成，Get 方法包括 GetDateTime、GetDouble、GetInt32、GetString 等。

一般遍历所有数据行的编码模板的相关代码如下：

```
string valueOfColumn = "";
while(reader.Reader())
{
    valueOfColumn = Convert.ToString(reader["ChanceLinkMan"]);
}
```

5.3.3 添加销售机会到数据库

为了添加新的销售机会，系统需要添加相关页面并完成销售机会数据添加到数据库的操作功能。

1. 添加页面

右击 Web 程序中的 SaleManage 文件夹，在弹出快捷菜单中选择"添加/新建项"菜单项，在弹出的"添加新项"对话框中，选择"使用母版页的 Web 窗体"选项，输入页面名称为"CreateChance.aspx"，在新的对话框中选择母版页 Site.Master，在创建好的页面源代码中，修改页面标题为"新建销售机会"，设置此页为起始页，然后设计新建销售机会初始页面如图 5-7 所示。

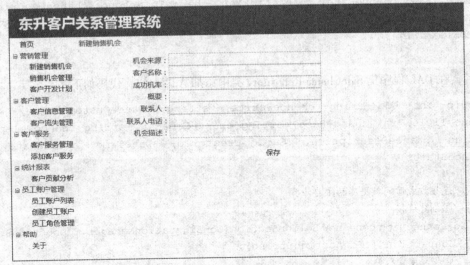

图 5-7 新建销售机会初始页面

2. 添加销售机会数据到数据库

添加销售机会到数据库的操作，也是对数据库进行 SQL 查询的一种，只是此时使用的 SQL 语句是 INSERT 语句。

双击"保存"按钮，创建好事件处理程序，相关代码如下：

```
protected void lnkUpdate_Click(object sender, EventArgs e)
{
    //假设由管理员"李冰"添加销售机会信息
    Guid currentUser = new Guid("c408cd77-02e3-4de2-b91e-0b38bf0dec8e");
    int addedRowCount = new SaleChanceService().Add(txtChanceSource.Text,
txtChanceCustomerName.Text, txtChanceTitle.Text, Convert.ToInt32(txtChanceRate.
Text), txtChanceLinkMan.Text, txtChanceTelephone.Text, txtChanceDescription.
Text, currentUser);
    if(addedRowCount > 0)
    {
        ((SiteMaster)Master).PageTitle = this.Title.Trim() + "--保存成功";
    }
    else
    {
        ((SiteMaster)Master).PageTitle = this.Title.Trim() + "--保存失败";
    }
}
```

在 BLL 程序集 SaleChanceService 类中添加 Add 方法，代码如下：

```
public int Add(string chanceSource, string chanceCustomerName, string
chanceTitle, int chanceRate, string chanceLinkMan, string chanceTelephone,
string chanceDescription, Guid creatorId)
{
    return new SaleChanceRepository().Add(chanceSource, chanceCustomerName,
chanceTitle, chanceRate, chanceLinkMan, chanceTelephone, chanceDescription,
creatorId, DateTime.Now, SaleChanceStatus.GetValue(SALECHANCESTATUSVALUE.
UNDESIGNATED));
}
```

最后，在 DAL 程序集 SaleChanceRepository 类中添加 Add 方法，代码如下：

```
public int Add(string chanceSource, string chanceCustomerName, string
chanceTitle, int chanceRate, string chanceLinkMan, string chanceTelephone,
string chanceDescription, Guid creatorId, DateTime createDate, int
chanceStatus)
{
    //连接方式访问数据库的主要步骤
    //①创建连接对象
    SqlConnection con = new SqlConnection(ConfigurationManager.ConnectionStrings
["CRMConnection"].ConnectionString);
    //②创建命令对象
```

```csharp
SqlCommand cmd = new SqlCommand();
cmd.CommandText = "INSERT INTO dbo.SaleChance( ChanceSource , ChanceCustomerName ,ChanceTitle ,ChanceRate ,ChanceLinkMan ,ChanceTelephone ,ChanceDescription ,ChanceCreatorId ,ChanceCreateDate ,ChanceDueTo ,ChanceDueDate ,ChanceStatus)VALUES (@ChanceSource ,@ChanceCustomerName , @ChanceTitle , @ChanceRate ,@ChanceLinkMan ,@ChanceTelephone ,@ChanceDescription , @ChanceCreatorId , @ChanceCreateDate ,NULL , NULL ,@ChanceStatus)";
cmd.Connection = con;
//为查询语句中的参数创建匹配的参数变量
SqlParameter prmChanceSource = new SqlParameter();
prmChanceSource.ParameterName = "@ChanceSource";
prmChanceSource.SqlDbType = SqlDbType.NVarChar;
prmChanceSource.Direction = ParameterDirection.Input;
prmChanceSource.Value = chanceSource;
//把参数变量添加到命令的参数集合属性中
cmd.Parameters.Add(prmChanceSource);
SqlParameter prmChanceCustomerName = new SqlParameter("@ChanceCustomerName", chanceCustomerName.Trim());
cmd.Parameters.Add(prmChanceCustomerName);
SqlParameter prmChanceTitle = new SqlParameter("@ChanceTitle", chanceTitle.Trim());
cmd.Parameters.Add(prmChanceTitle);
SqlParameter prmChanceRate = new SqlParameter("@ChanceRate", SqlDbType.Int);
prmChanceRate.Value = chanceRate;
cmd.Parameters.Add(prmChanceRate);
SqlParameter prmChanceLinkMan = new SqlParameter("@ChanceLinkMan", chanceLinkMan.Trim());
cmd.Parameters.Add(prmChanceLinkMan);
SqlParameter prmChanceTelephone = new SqlParameter("@ChanceTelephone", chanceTelephone.Trim());
cmd.Parameters.Add(prmChanceTelephone);
SqlParameter prmChanceDescription = new SqlParameter("@ChanceDescription", chanceDescription.Trim());
cmd.Parameters.Add(prmChanceDescription);
SqlParameter prmCreatorId = new SqlParameter("@ChanceCreatorId", SqlDbType.UniqueIdentifier);
prmCreatorId.Value = creatorId;
cmd.Parameters.Add(prmCreatorId);
SqlParameter prmCreateDate = new SqlParameter("@ChanceCreateDate", SqlDbType.DateTime);
prmCreateDate.Value = createDate;
cmd.Parameters.Add(prmCreateDate);
SqlParameter prmChanceStatus = new SqlParameter("@ChanceStatus", SqlDbType.Int);
```

```
        prmChanceStatus.Value = chanceStatus;
    cmd.Parameters.Add(prmChanceStatus);
        int addedRowCount = 0;
        //③打开连接
        con.Open();
        //④发送命令
        addedRowCount = cmd.ExecuteNonQuery();
        //⑤处理数据,本功能不需要进行数据的处理,此步骤没有对应代码
        //⑥关闭连接
        con.Close();
        return addedRowCount;
    }
```

到此,销售机会的创建、管理功能已基本完成。

3. 完善数据访问代码

数据库访问过程中,可能由于网络连接、数据库服务器故障等各种原因引导对数据库访问的操作失败,为此,数据库访问代码必须有相应的处理措施,主要的处理措施就是异常捕获与处理。

加上异常捕获与处理的步骤后,原有连接方式访问数据库的步骤的代码调整如下:

```
① 创建连接对象
② 创建命令对象
try
{
③ 打开连接
④ 发送命令
⑤ 处理数据
}
catch (Exception ex)
{
}
finally
{
⑥ 关闭连接
}
```

请读者根据此步骤修改 DAL 程序集 SaleChanceRepository 类中原有销售机会管理、创建、读取方法中的代码。

5.4 非连接方式访问关系型数据库

相对于连接方法访问数据库,非连接方式在读取数据后可立即断开到数据库的连接,然后处理 DataSet 或 DataTable 对象中的数据,修改数据后,再连接数据库,把修改后的数据保存到数据库,因此在数据处理过程中,与数据库没有保持连接,能缩短与数据库连接的保持时间,更为方便灵活,但效率可能相对较差。

5.4.1 非连接方式访问数据库方法

非连接方式访问数据库时，主要使用到的类包括：Connection、DataAdapter、DataSet、DataTable 等。访问数据库的主要步骤代码如下：

```
① 创建连接对象
② 创建数据适配器对象
try
{
③ 打开连接
④ 发送命令
}
catch (Exception ex)
{
}
finally
{
⑤ 关闭连接
}
```

其中发送命令通过数据适配器 DataAdapter 对象完成，DataAdapter 对象用作 DataSet 对象或 DataTable 对象与数据源之间的连接器，能够用来检索和保存数据。DataAdapter 类表示的是一组数据库命令（Command）和一个数据库连接（Connection），它们用来填充 DataSet 或 DataTable 对象，以及更新数据源。每个 DataAdapter 对象都在 DataTable 或 DataSet 对象与数据源之间交换数据。

DataAdapter 类的对象模型如图 5-8 所示，其中四个 Command 类型的属性 SelectCommand、UpdateCommand、DeleteCommand 和 InsertCommand 分别对应完成对数据源的 Select、Update、Delete 和 Insert 操作。

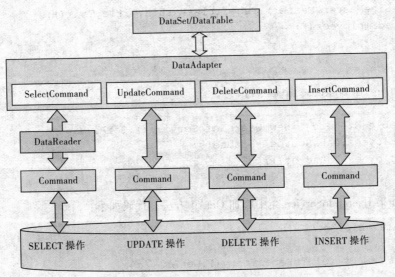

图 5-8 DataAdapter 类的对象模型

5.4.2 显示所有员工信息

为了显示所有员工的信息，在 Web 程序的 EmplyeeManage 文件夹中添加使用母版页面 Site.Master 的内容页面 EmployeeList.aspx，通过 GridView 控件显示系统中所有员工的信息，运行结果如图 5-9 所示。

图 5-9 员工信息列表

为了实现页面加载时就能看到查询结果，必须在其 Page_Load 事件处理程序中进行数据加载和绑定，代码如下：

```
protected void Page_Load(object sender, EventArgs e)
{
    if(!IsPostBack)
    {
        ((SiteMaster)Master).PageTitle = this.Title.Trim();
        LoadEmployees();
    }
}

protected void LoadEmployees()
{
    DataTable dtUsers = new UsersInfoService().GetAll();
    grdEmployees.DataSource = dtUsers;
    grdEmployees.DataBind();
}
```

在 BLL 程序集 UsersInfoService 类中添加 GetAll 方法，代码如下：

```
public DataTable GetAll()
{
    return new UsersInfoRepository().GetAll();
}
```

最后，在 DAL 程序集 UsersInfoRepository 类中添加 GetAll 方法完成数据查询功能，代码如下：

```
public DataTable GetAll()
{
    //非连接方式访问数据库的主要步骤
    //①创建连接对象
    SqlConnection con = new SqlConnection(ConfigurationManager.ConnectionStrings["CRMConnection"].ConnectionString);
    //②创建数据适配器对象
    SqlDataAdapter da = new SqlDataAdapter("SELECT * FROM VWUsersInfo", con);
    //声明 DataTable 对象用于存储从数据库中查询到的用户信息
    DataTable dtUserInfo = new DataTable();
    try
    {
        //③打开连接
        con.Open();
        //④发送命令
        //DataAdapter 对象的 Fill 方法将自动找到其中的 SelectCommand 属性对应的 Command 对象
        //发送查询命令并得到 DataReader 对象，通过 DataReader 对象读取所有结果，把结果
        //  中的每一行存储到 DataTable 对象中，形成对应的一个数据行（DataRow）对象
        da.Fill(dtUserInfo);
    }
    catch(Exception ex)
    {
    }
    finally
    {
        //⑤关闭连接
        con.Close();
    }
    return dtUserInfo;
}
```

5.5 调用存储过程提高系统性能

ADO.NET 命令对象向数据源发送各种 SQL 查询命令时，可以通过直接的 SQL 语句，也可以调用数据源中的存储过程。对于以 SQL Server 数据库为数据源的系统，使用存储过程比直接发送 SQL 语句更能有效地提高其性能，并在一定程度上提高数据库的安全性，为此，推荐数据库访问都改为使用存储过程。

5.5.1 存储过程概述

存储过程是数据库开发人员为了使用某一特定的数据库而编写的数据库过程。存储过程使得可以调用已有的过程来访问数据库，而不必编写自己的 SQL 语句。应用程序调用存储过程是通过存储过程的名字来实现的，并且通过输入、输出和返回值来进行参数传递。

存储过程有三类：返回记录的存储过程、返回值的存储过程和行为存储过程。

① 返回记录的存储过程用于查找指定的记录，并且排序和过滤这些记录，然后把结果返回。

② 返回值的存储过程经常用于执行返回单一值的数据库命令或函数。

③ 行为存储过程用于执行某些数据库功能，但不返回记录或值，其功能包括对数据的更新、编辑和修改等。

5.5.2 调用存储过程

ADO.NET 调用存储过程进行数据库访问的步骤与发送 SQL 语句进行数据库操作的步骤一样，只要将 Command 对象的 CommandText 属性值设置为存储过程名称，同时设置 Command 对象的 CommandType 属性值为 CommandType.StoredProcedure。

将第 5.4.2 节中显示所有员工信息的功能代码进行修改，在 DAL 程序集 UsersInfoRepository 类中将 GetAll 方法中的数据查询功能由 SQL 语句改为通过存储过程"VWUsersInfo_Get_List"来实现，程序运行结果一样。修改后的代码如下：

```
public DataTable GetAll()
{
    //非连接方式访问数据库的主要步骤
    //①创建连接对象
    SqlConnection con = new SqlConnection(ConfigurationManager.ConnectionStrings["CRMConnection"].ConnectionString);
    //②创建数据适配器对象
    SqlDataAdapter da = new SqlDataAdapter("VWUsersInfo_Get_List", con);
    //设置 Command 对象的 CommandType 属性值为 CommandType.StoredProcedure
    da.SelectCommand.CommandType = CommandType.StoredProcedure;
    //声明 DataTable 对象用于存储从数据库中查询到的用户信息
    DataTable dtUserInfo = new DataTable();
    try
    {
        //③打开连接
        con.Open();
        //④发送命令
        //DataAdapter 对象的 Fill 方法将自动找到其中的 SelectCommand 属性对应的 Command 对象
        //发送查询命令并得到 DataReader 对象，通过 DataReader 对象读取所有结果，把结果
        //    中的每一行存储到 DataTable 对象中，形成对应的一个数据行（DataRow）对象
        da.Fill(dtUserInfo);
    }
    catch(Exception ex)
    {
    }
    finally
    {
        //⑤关闭连接
        con.Close();
    }
```

```
        return dtUserInfo;
}
```

5.5.3 使用参数

ADO.NET 调用存储过程进行数据访问时使用参数的方法与 SQL 语句中所包含的参数使用方法基本一致，但存储过程能使用参数的类型更方便、灵活。

存储过程的参数根据参数值的传递方向有四种，如表 5-5 所示。

表 5-5 参数值的传递方向

属性	说明
Input	由应用程序向存储过程传递特定的数据值
Output	由存储过程向调用它的应用程序返回特定的值
InputOutput	由存储过程向调用它的应用程序发送信息，存储过程执行完成后把特定值返回给调用它的应用程序
ReturnValue	由存储过程用来向应用程序返回特定的值

查看数据库 DsCrmSecond 的存储过程 SaleChance_Insert，此存储过程向 SaleChance 表插入一条新的销售机会记录，并且通过参数@ChanceId 输出新插入记录的主键值 ChanceId。

修改添加销售机会到数据库的实现方法，即 DAL 程序集 SaleChanceRepository 类中的 Add 方法，使用存储过程完成此功能的代码如下：

```
public int Add(string chanceSource, string chanceCustomerName, string
chanceTitle, int chanceRate, string chanceLinkMan, string chanceTelephone,
string chanceDescription, Guid creatorId, DateTime createDate, int
chanceStatus)
{
    //连接方式访问数据库的主要步骤
    //①创建连接对象
    SqlConnection con = new SqlConnection(ConfigurationManager.ConnectionStrings
["CRMConnection"].ConnectionString);
    //②创建命令对象
    SqlCommand cmd = new SqlCommand();
    //设置 Command 对象的 CommandText 属性值为存储过程名称
    cmd.CommandText = "SaleChance_Insert";
    cmd.CommandType = CommandType.StoredProcedure;
    cmd.Connection = con;
    //为查询语句中的参数创建匹配的参数变量
    SqlParameter prmChanceId = new SqlParameter("@ChanceId", SqlDbType.BigInt);
    //存储过程的参数方向为 Output 类型，此类参数不需要设置其 Value 属性值，存储过程执行完成后应用程序可以从此参数中读取存储过程中设置的值
    prmChanceId.Direction = ParameterDirection.Output;
    cmd.Parameters.Add(prmChanceId);
    SqlParameter prmChanceSource = new SqlParameter();
    prmChanceSource.ParameterName = "@ChanceSource";
    prmChanceSource.SqlDbType = SqlDbType.NVarChar;
```

```csharp
    prmChanceSource.Direction = ParameterDirection.Input;
    prmChanceSource.Value = chanceSource;
    //把参数变量添加到命令的参数集合属性中
    cmd.Parameters.Add(prmChanceSource);
    SqlParameter prmChanceCustomerName = new SqlParameter("@ChanceCustomerName",
chanceCustomerName.Trim());
    cmd.Parameters.Add(prmChanceCustomerName);
    SqlParameter prmChanceTitle = new SqlParameter("@ChanceTitle",
chanceTitle.Trim());
    cmd.Parameters.Add(prmChanceTitle);
    SqlParameter prmChanceRate = new SqlParameter("@ChanceRate", SqlDbType.
Int);
    prmChanceRate.Value = chanceRate;
    cmd.Parameters.Add(prmChanceRate);
    SqlParameter prmChanceLinkMan = new SqlParameter("@ChanceLinkMan",
chanceLinkMan.Trim());
    cmd.Parameters.Add(prmChanceLinkMan);
    SqlParameter prmChanceTelephone = new SqlParameter("@ChanceTelephone",
chanceTelephone.Trim());
    cmd.Parameters.Add(prmChanceTelephone);
    SqlParameter prmChanceDescription = new SqlParameter("@ChanceDescription",
chanceDescription.Trim());
    cmd.Parameters.Add(prmChanceDescription);
    SqlParameter prmCreatorId = new SqlParameter("@ChanceCreatorId",
SqlDbType.UniqueIdentifier);
    prmCreatorId.Value = creatorId;
    cmd.Parameters.Add(prmCreatorId);
    SqlParameter prmCreateDate = new SqlParameter("@ChanceCreateDate",
SqlDbType.DateTime);
    prmCreateDate.Value = createDate;
    cmd.Parameters.Add(prmCreateDate);
    SqlParameter prmChanceStatus = new SqlParameter("@ChanceStatus",
SqlDbType.Int);
    prmChanceStatus.Value = chanceStatus;
cmd.Parameters.Add(prmChanceStatus);
    SqlParameter prmChanceDueTo = new SqlParameter("@ChanceDueTo", SqlDbType.
UniqueIdentifier);
    prmChanceDueTo.Value = System.DBNull.Value;
    cmd.Parameters.Add(prmChanceDueTo);
    SqlParameter prmChanceDueDate = new SqlParameter("@ChanceDueDate",
SqlDbType.DateTime);
    prmChanceDueDate.Value = System.DBNull.Value;
    cmd.Parameters.Add(prmChanceDueDate);

    int addedRowCount = 0;
    //添加行的 ChanceId 值
```

```
int addedChanedId = 0;
try
{
    //③打开连接
    con.Open();
    //④发送命令
    addedRowCount = cmd.ExecuteNonQuery();
    //⑤处理数据
    //从输出参数中读取存储过程中插入记录对应的标识列 ChanceId 的值
    addedChanedId = Convert.ToInt32(prmChanceId.Value);
}
catch(Exception ex)
{
}
finally
{
    //⑥关闭连接
    con.Close();
}
return addedRowCount;
}
```

注意：对于存储过程中的返回值（ReturnValue），ADO.NET 调用存储过程时，需要添加参数到命令对象，此参数的 ParameterName 属性值必须设置为 "@ReturnValue"，同时其 Direction 属性值必须设置为 "ParameterDirection.ReturnValue"，其他使用方法与 Output 类型的参数一样。

小　结

本章讲解了 ADO.NET 访问 SQL Server 数据库的连接方式和非连接方式两种方法及主要步骤，通过示例完成了代码实现的主要要点。

命令对象可以在向数据源发送命令时调用存储过程，调用存储过程时常常配合使用参数，通过参数实现应用程序与存储过程进行数据交换。

作　业

列出包括异常捕获与处理代码在内的两种数据库访问方法的主要步骤。

实训5——实现销售机会模块的数据管理

实训目标

完成本实训后，能够：

① 完成销售机会数据的修改功能。

② 使用连接方式更新数据到数据库。
③ 使用存储过程完成数据库访问。
④ 在调用存储过程时使用参数。

实训场景

东升客户关系管理系统需要完成对原有销售机会数据的编辑修改功能，在本章的内容中已添加了实现此功能的页面"SaleManage/EditSaleChance.aspx"，在此页面中，已从数据库中读取了指定销售机会编号的销售机会数据，当用户在修改相应数据后，单击"保存"链接按钮，则对应的数据需要被更新到数据库原有销售机会对应记录中。

实训步骤

1. 熟悉存储过程

在 SQL Server Management Studio 中打开数据库中的存储过程 SaleChance_Update，查看存储过程的代码，了解调用存储过程需要的参数、对数据库的影响、返回或输出数据。

2. 完成数据库访问代码

打开 DAL 程序集中的 SaleChanceRepository 类文件，添加更新销售机会的 Update 方法，然后根据存储过程 SaleChance_Update 需要的参数，设计此方法需要输入的参数列表，输入连接方式访问数据库的主要步骤。需要特别注意的是：此方法需要向调用此方法的程序返回一定的值表示数据库更新是否成功。

根据访问数据库的主要步骤，完成数据库访问代码。

3. 完成业务逻辑类代码

打开 BLL 程序集中的 SaleChanceService 类文件，添加 Update 方法，方法中调用实训步骤第 2 步中创建的 SaleChanceRepository 类中的 Update 方法，并提供返回值以表示更新成功与否。

4. 完成界面事件处理

打开 CRM 项目下的 SaleManage/EditSaleChance.aspx.cs 文件，找到保存链接的单击事件处理程序 lnkUpdate_Click，完成实训步骤第 3 步中对业务逻辑类 SaleChanceService 中的 Update 方法，最终完成销售机会数据的更新功能。

第 6 章　内置对象的使用——丰富网站信息

6.1　使用内置对象丰富网站信息

Web 应用程序在传统的意义上来说是无状态的，Web 应用不能像 Win Form 那样维持客户端状态，所以在 Web 应用中，通常需要使用内置对象进行客户端状态的保存。这些内置对象能够为 Web 应用程序的开发提供设置、配置及检索等功能。

在 ASP 的开发中，这些内置对象已经存在。这些内置对象包括 Response、Request、Application 等，虽然 ASP 是一个可以称得上是"过时的"技术，但是在 ASP.NET 开发人员中依旧可以使用这些对象。这些对象不仅能够获取页面传递的参数，某些对象还可以保存用户的信息，如 Cookie、Session 等。

本章将通过案例展示的方式讲解 ASP.NET 应用程序中内置对象在网站中的作用，完成本章学习，将能够：

- 了解 ADO.NET 内置对象的属性与方法。
- 掌握使用 ADO.NET 内置对象来统计网站当前人数、记录客户 IP 地址等功能。

6.2　Response 对象

Response 对象是 HttpResponse 类的一个实例。HttpResponse 类用户封装页面操作的 HTTP 响应信息。Response 对象的常用属性如下：

① BufferOutput：获取或设置一个值，该值指示是否缓冲输出，并在完成处理整个页面之后将其发送。

② Cache：获取 Web 页面的缓存策略。

③ Charset：获取或设置输出流的 HTTP 字符集类型。

④ IsClientConnected：获取一个值，通过该值指示客户端是否仍连接在服务器上。

⑤ ContentEncoding：获取或设置输出流的 HTTP 字符集。

⑥ TrySkipIisCustomErrors：获取或设置一个值，指定是否支持 IIS 7.0 自定义错误输出。

BufferOutput 的默认属性为 true。当页面被加载时，要输出到客户端的数据都暂时存储在服务器的缓冲期内并等待页面所有事件程序，以及所有的页面对象全部被浏览器解释完毕后，才将所有在缓冲区中的数据发送到客户端浏览器，示例代码如下：

```
protected void Page_Load(object sender, EventArgs e)
{
    Response.Write("缓冲区清除前..");                    //输出缓冲区清除
}
```

上述代码在 cs 文件中重写了 Page_Load 事件，该事件用于向浏览器输出一行字符串"缓冲区清除前.."。

在 ASPX 页面中，可以为页面增加代码以判断缓冲区的执行时间，示例代码如下：

```
<body>
    <form id="form1" runat="server">
        <div>
            <% Response.Write("缓冲区被清除"); %>        //输出字符串
        </div>
    </form>
</body>
```

上述代码在页面中插入了一段代码，并输出字符串"缓冲区被清除"。在运行该页面时，数据已经存放在缓冲区中。然后 IIS 才开始读取 HTML 组件的部分，读取完毕后才将结果送至客户端浏览器，所以在运行结果中可以发现，"缓冲期清除前.."是在"缓冲区被清除"字符串之前出现，如图 6-1 所示。

图 6-1　BufferOutput 属性运行结果

因为 BufferOutput 属性默认为 true，所以上述代码并无法看到明显的区别，当在浏览器输出前清除缓冲区时，则可以看出区别。示例代码如下：

```
Response.Write("缓冲区清除前..");
Response.Clear();                                       //清除缓冲区
```

当使用 Response 的 Clear 方法时，缓冲区就被显式地清除了。在运行后，"缓冲区清除前"字符串被清除，并不会呈现给浏览器。当需要屏蔽 Clear 方法对缓冲区的数据清除，则可以指定 BufferOutput 的属性为 false，示例代码如下：

```
Response.BufferOutput = false;                          //设置缓冲区属性
Response.Write("缓冲区清除前..");                       //设置清除前字符
Response.Clear();                                       //清除缓冲区
```

使用上述代码将指定 BufferOutput 的属性为 false，在运行时缓冲区数据不会被 Clear 方法清除。

6.2.1　Response 对象常用方法

Response 方法可以输出 HTML 流到客户端，其中包括发送信息到客户端和客户端 URL 重定向，不仅如此，Response 还可以设置 Cookie 的值以保存客户端信息。Response 的常用方法如下：

① Write：向客户端发送指定的 HTTP 流。

② WriteFile：将指定的文件直接写入当前的 HTTP 内容输出流，其参数为一个表示文件目录的字符串。

③ End：停止页面的执行并输出相应的结果。
④ Clear：清除页面缓冲区中的数据。
⑤ Close：关闭客户端联机。
⑥ Flush：将页面缓冲区中的数据立即显示。
⑦ Redirect：客户端浏览器的 URL 地址重定向。

在 Response 的常用方法中，Write 方法是最常用的方法，能够向客户端发送指定的 HTTP 流，并呈现给客户端浏览器，示例代码如下：

```
Response.Write("<div style=\"font-size:18px;\">这是一串<span style=\"color:red\">HTML</span>流</div>");
```

上述代码会向浏览器输出一串 HTML 流并被浏览器解析，如图 6-2 所示。

> 这是一串HTML流

图 6-2　Response.Write 方法

当 Response 对象运行时，希望能够中途停止，则可以使用 End 方法对页面的执行过程进行停止，示例代码如下：

```
for(int i=0; i < 100; i++)                              //循环100次
{
    if(i < 10)                                          //判断i<10
    {
        Response.Write("当前输出了第" + i + "行<hr/>");  //i<10 则输出i
    }
    else                                                //否则停止输出
    {
        Response.End();                                 //使用了End方法停止执行
    }
}
```

上述代码循环输出 HTML 流"当前输出了第 X 行"，当输出了 10 行时，则停止输出，如图 6-3 所示。

> 这是一串HTML流
> 当前输出了第0行
> 当前输出了第1行
> 当前输出了第2行
> 当前输出了第3行
> 当前输出了第4行
> 当前输出了第5行
> 当前输出了第6行
> 当前输出了第7行
> 当前输出了第8行
> 当前输出了第9行

图 6-3　Response.End 方法

Response 还可以用于输出文件夹的内容，代码如下：

```
protected void Button1_Click(object sender, EventArgs e)
{
    Response.WriteFile("d:\\1.txt");
}
```

运行结果如图 6-4 所示。

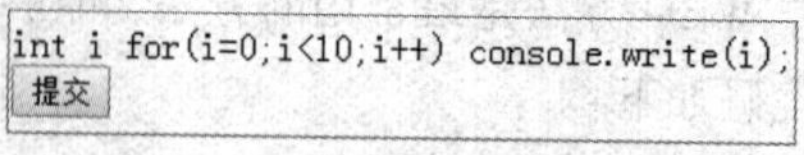

图 6-4　Response.WriteFile 方法

6.2.2　控制页面跳转

Redirect 方法通常用于页面跳转，示例代码如下：

```
Response.Redirect("Default.aspx");                        //页面跳转
```

执行上述代码，将会跳转到相应的 URL。

6.3　Request 对象

Request 对象是 HttpRequest 类的一个实例，Request 对象用于读取客户端在 Web 请求期间发送的 HTTP 值。Request 对象常用的属性如下：

① QueryString：获取 HTTP 查询字符串变量的集合。
② Path：获取当前请求的虚拟路径。
③ UserHostAddress：获取远程客户端 IP 主机的地址。
④ Browser：获取有关正在请求的客户端的浏览器功能的信息。

1. QueryString：请求参数

QueryString 属性是用来获取 HTTP 查询字符串变量的集合，通过 QueryString 属性能够获取页面传递的参数。QueryString 是一种非常简单的传值方式，它可以将传送的值显示在浏览器的地址栏中。如果是传递一个或多个安全性要求不高或是结构简单的数值，可以使用这个方法。但是对于传递数组或对象，就不能用这个方法了。这种方法的优点：使用简单，对于安全性要求不高时传递数字或是文本值非常有效。缺点：缺乏安全性，由于它的值是暴露在浏览器的 URL 地址中的。

QueryString 属性的使用方法：

① 在源页面的代码中用需要传递的名称和值构造 URL 地址。
② 在源页面的代码中用 "Response.Redirect(URL);" 重定向到上面的 URL 地址中。
③ 在目的页面的代码中使用 "Request.QueryString["name"];" 取出 URL 地址中传递的值。

案例的主要步骤如下：

① 新建 ASP.NET 网站，添加 Web 窗体文件 a.aspx。
② 在 a.aspx 页面添加一个标签、一个文本框、一个传值按钮，并在传值按钮的单击响应事

件 Button1_Click 中添加如下代码：

```
protected void Button1_Click(object sender, EventArgs e)
{
    Response.Redirect("b.aspx?name=" + TextBox_username.Text);
}
```

③ 新建一个 Web 窗体 b.aspx，添加两个标签控件。第一个标签控件的 Text 属性改为用户名，第二个标签控件的 ID 改为 Label_Username，在它的 Page_Load 方法中输入如下代码：

```
protected void Page_Load(object sender, EventArgs e)
{
    Label_username.Text = Request.QueryString["name"].ToString();
}
```

④ 按【Ctrl+F5】组合键执行程序，效果如图 6-5 所示。

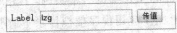

图 6-5　QueryString 页面传值的 a.aspx

⑤ 填写用户名，单击"传值"按钮就可以看到页面跳转到 b.aspx，可以看到页面中获取了刚才的输入信息，如图 6-6 所示。

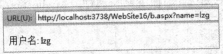

图 6-6　QueryString 页面传值的 b.aspx

2．Path：获取路径

通过使用 Path 的方法可以获取当前请求的虚拟路径，示例代码如下：

```
Label3.Text = Request.Path.ToString();                       //获取请求路径
```

当在应用程序的开发中使用 Request.Path.ToString()时，能够获取当前正在被请求的文件的虚拟路径的值，当需要对相应的文件进行操作时，可以使用 Request.Path 的信息进行判断。

3．UserHostAddress：获取 IP 记录

通过使用 UserHostAddress 的方法，可以获取远程客户端 IP 主机的地址，示例代码如下：

```
Label4.Text = Request.UserHostAddress;                       //获取客户端IP
```

在客户端主机 IP 统计和判断中，可以使用 Request.UserHostAddress 进行 IP 统计和判断。在有些系统中，需要对来访的 IP 进行筛选，使用 Request.UserHostAddress 就能够轻松地判断用户 IP 并进行筛选操作。

4．Browser：获取浏览器信息

通过使用 Browser 的方法可以判断正在浏览网站的客户端的浏览器的版本，以及浏览器的一些信息。相关属性如下：

① Type：获取客户端浏览器的名称和主要版本号。

② Browser：获取客户端浏览器的名称。
③ Version：获取客户端浏览器的版本。
④ Platform：获取客户端使用的操作平台的名称。
⑤ Frames：获取客户端浏览器是否支持 HTML 框架。
⑥ Cookies：获取客户端浏览器是否支持 Cookies。
⑦ JavaScript：获取客户端浏览器是否支持 JavaScript。

示例代码如下：

```
Label5.Text = Request.Browser.Type.ToString();           //获取浏览器信息
```

6.4 Application 对象

Application 对象是 HttpApplicationState 类的一个实例。HttpApplicationState 类的单个实例，将在客户端第一次从某个特定的 ASP.NET 应用程序虚拟目录中请求任何 URL 资源时创建。对于 Web 服务器上的每个 ASP.NET 应用程序，都要创建一个单独的实例。然后通过内部 Application 对象公开对每个实例的引用。Application 对象使给定应用程序的所有用户之间共享信息，并且在服务器运行期间持久地保存数据。因为多个用户可以共享一个 Application 对象，所以必须要有 Lock 和 Unlock 方法，以确保多个用户无法同时改变某一属性。Application 对象成员的生命周期止于关闭 IIS 或使用 Clear 方法清除。

1. Application 对象的属性

对于 Application 对象有如下特性：

- 数据可以在 Application 对象内部共享，因此一个 Application 对象可以共享多个用户。
- Application 对象包括事件，可以触发 Application 对象脚本。
- 个别 Application 对象可以用 Internet Service Manager 来设置获得不同属性。
- 单独的 Application 对象可以隔离出来在它们自己的内存中运行，也就是说，如果一个人的 Application 对象被破坏，就不会影响其他人。
- 可以停止一个 Application 对象而不是影响其他应用程序。

Application 对象常用的属性有：

① AllKey：获取 HttpApplicationState 集合中的访问键。
② Count：获取 HttpApplicationState 集合中的对象数。

2. Application 对象的常用方法

Application 对象有以下常用方法：

① Add：新增一个 Application 对象变量。
② Clear：清除全部的 Application 对象变量。
③ Get：通过索引关键字或变量名称得到变量的值。
④ GetKey：通过索引关键字获取变量名称。
⑤ Lock：锁定全部的 Application 对象变量。

⑥ UnLock：解锁全部的 Application 对象变量。

⑦ Remove：使用变量名称移除一个 Application 对象变量。

⑧ RemoveAll：移除所有的 Application 对象变量。

⑨ Set：使用变量名更新一个 Application 对象变量。

6.4.1 Application 对象的使用

通过使用 Application 对象的方法，能够对 Application 对象进行操作，使用 Add 方法能够创建 Application 对象，示例代码如下：

```
Application.Add("App", "MyValue");             //增加 Application 对象
Application.Add("App1", "MyValue1");           //增加 Application 对象
Application.Add("App2", "MyValue2");           //增加 Application 对象
```

若需要使用 Application 对象，可以通过索引 Application 对象的变量名进行访问，示例代码如下：

```
Response.Write(Application["App1"].ToString());   //输出 Application 对象
```

上述代码为直接通过使用变量名来获取 Application 对象的值。通过 Application 对象的 Get 方法也能够获取 Application 对象的值，示例代码如下：

```
for(int i = 0; i < Application.Count; i++)          //遍历 Application 对象
{
    Response.Write(Application.Get(i).ToString()); //输出 Application 对象
}
```

Application 对象通常可以用来统计在线人数，在页面加载后可以通过配置文件使用 Application 对象的 Add 方法进行 Application 对象的创建，当用户离开页面时，可以使用 Application 对象的 Remove 方法进行 Application 对象的移除。当 Web 应用不希望用户在客户端修改已经存在的 Application 对象时，可以使用 Lock 对象进行锁定，当执行完毕相应的代码块后，可以解锁。示例代码如下：

```
Application.Lock();                         //锁定 Application 对象
Application["App"] = "MyValue3";            //Application 对象赋值
Application.UnLock();                       //解锁 Application 对象
```

上述代码表明当用户进行页面访问时，其客户端的 Application 对象被锁定，所以用户的客户端不能够进行 Application 对象的更改。在锁定后，也可以使用 UnLock 方法进行解锁操作。

注意：Lock 和 UnLock 要配对使用。

如果要删除存放在 Application 对象中的信息，可调用 Application 对象的 Remove()方法，并传给它一个数据键值，示例代码如下：

```
Application.Remove("TotalCount");           //移除 Application 对象信息
```

通常在很多网站的应用中，需要把一个页面的值传到另一个页面，如用户名需要从登录页面传到任一个页面，而 Application 对象可以用于页面传值。

Application 对象用于页面传值有如下优点：

- 使用简单，消耗较少的服务器资源。
- 不仅能传递简单数据，还能传递对象。
- 数据量大小是不限制的。

缺点：作为全局变量容易被误操作。

Application 对象的使用方法有：

① 在源页面的代码中创建用户需要传递的名称和值构造 Application 变量。代码如下：

```
Application["Nmae"]="Value(Or Object)";
```

② 在目的页面的代码使用 Application 变量取出传递的值。代码如下：

```
Result = Application["Nmae"]
```

注意：常用 Lock 和 UnLock 方法用来锁定和解锁，为了防止并发修改。

案例的主要步骤如下：

① 新建 ASP.NET 网站，添加 Web 窗体文件 a.aspx。

② 在 a.aspx 页面添加一个标签、一个文本框、一个传值按钮，并在传值按钮的单击响应事件 Button1_Click 中添加如下代码：

```
protected void Button1_Click(object sender, EventArgs e)
{
    Application["name"] = TextBox_username.Text;
    Response.Redirect("b.aspx");
}
```

③ 新建一个 Web 窗体 b.aspx，添加两个标签控件。第一个标签控件的 Text 属性改为用户名，第二个标签控件的 ID 改为 Label_Username，在它的 Page_Load 方法中输入如下代码：

```
protected void Page_Load(object sender, EventArgs e)
{
    Application.Lock();
    Label_username.Text= Application["name"].ToString();
    Application.UnLock();
}
```

④ 按【Ctrl+F5】组合键执行程序，效果如图 6-7 所示。

图 6-7　Application 页面传值的 a.aspx

⑤ 填写用户名，单击"传值"按钮就可以看到页面跳转到 b.aspx，可以看到页面中获取了刚才的输入信息，如图 6-8 所示。

图 6-8　Application 页面传值的 b.aspx

6.4.2 统计网站当前用户数

在设计网站时，网站被访问情况和用户使用情况是网站设计的一个重点。本小节的案例将通过 Application 对象和 Session 对象统计当前在线用户的数量。

Application 对象是 HttpApplication 类的实例。它可以在多个请求、连接之间共享共用信息，也可以在各个请求连接之间充当信息传递的管道。此对象的生命周期起始于 IIS 开始运行并且有人开始连接时，终止于 IIS 关闭或者若干时间内无人连接时。当 Application 对象的生命周期开始时，Application_Start 事件会被启动；当 Application 对象的生命结束时，Application_End 事件会被启动。当应用程序启动时，在 Application_Start 事件下初始化计数器，其代码如下：

```
//在应用程序启动时运行的代码
//初始化
Application["counter"] = 0;
```

Session 对象是 System.Web.UI.HttpSessionState 类的实例。Session 对象的所有引用都是在引用当前用户的会话对象，这个对象提供了字典风格的访问机制，当特定的用户不再访问 Web 站点上的页面时，一些信息将丢掉。在新会话启动时，使计数器自增。关键代码如下：

```
//在新会话启动时运行的代码
//对 Application 加锁以防并行性
Application.Lock();
//增加一个在线人数
Application["counter"]=(int)Application["counter"]+1;
Application.UnLock();                          //解锁 Application 对象
```

在会话结束时，使计数器自减。关键代码如下：

```
Application.Lock();
//减少一个在线人数
Application["counter"]=(int)Application["counter"]-1;
Application.UnLock();                          //解锁
```

在会话开始和结束时，一定要进行加锁（Application.Lock）和开锁（Application.UnLock）操作。由于多个用户可以共享 Application 对象，因此对共享资源使用锁定是必要的，这样可以确保在同一时刻只有一个客户可以修改和存取 Application 对象的属性。如果将共享区加锁后，迟迟不给开锁，可能会导致用户无法访问 Application 对象。用户可以使用该对象的 UnLock 方法来解除锁定。这样可以保证在没有程序访问的情况下允许有一个客户可以使用 Application 对象的共享区。

本小节的案例主要是根据用户建立和退出会话来实现在线人数的增加、减少的，如果用户没有关闭浏览器，而直接进入其他 URL，则这个会话在一定时间内是不会结束的，所以对用户数量的统计存在一定的偏差。当然，用户可以在 Web.config 文件中对会话 Session 的实效时间 Timeout 进行设置，默认值为 20 min，最小值为 1 min。

在 Global.asax 全局应用程序类中，设置当应用程序启动时初始化计数器，代码如下：

```
void Application_Start(object sender, EventArgs e)
{
    //在应用程序启动时运行的代码
```

```
    //初始化
    Application["counter"]=0;
}
```

在新会话启动时,实现计数器加1,代码如下:

```
void Session_Start(object sender, EventArgs e)
{
    //在新会话启动时运行的代码
    //对 Application 加锁以防并行性
    Application.Lock();
    //增加一个在线人数
    Application["counter"] = (int)Application["counter"] + 1;
    //解锁
    Application.UnLock();
}
```

在会话结束时,实现计数器减1,代码如下:

```
 void Session_End(object sender, EventArgs e)
{
    //在会话结束时运行的代码
    //注意: 只有在 Web.Config 文件中的 sessionstate 模式设置为 InProc 时,才会引发
      Session_End 事件。如果会话模式设置为 StateServer 或 SQLServer,则不会引发该事件
    //对 Application 加锁以防并行性
    Application.Lock();
    //减少一个在线人数
    Application["counter"] = (int)Application["counter"]- 1;
    //解锁
    Application.UnLock();
}
```

6.5 Session 对象

Session 对象是 HttpSessionState 的一个实例,Session 是用来存储跨页程序的变量或对象,功能基本同 Application 对象一样,但是 Session 对象的特性与 Application 对象不同。Session 对象变量只针对单一网页的使用者,这也就是说各个机器之间的 Session 对象不尽相同。

例如,用户 A 和用户 B,当用户 A 访问该 Web 应用时,应用程序可以显式地为该用户增加一个 Session 值,同时用户 B 访问该 Web 应用时,应用程序同样可以为用户 B 增加一个 Session 值。但是与 Application 不同的是,用户 A 无法存取用户 B 的 Session 值,用户 B 也无法存取用户 A 的 Session 值。Application 对象终止于 IIS 停止,但是 Session 对象变量终止于联机用户离线时,也就是说,当网页使用者关闭浏览器或者网页使用者在页面进行的操作时间超过系统规定时,Session 对象将会自动注销。

Session 对象的特点如下:

- Session 是一种 Web 会话中的常用状态之一。

- Session 提供了一种把信息保存在服务器内存中的方式。它能存储任何数据类型，包含自定义对象。
- 每个客户端的 Seesion 是独立存储的。
- 在整个会话过程中，只要 SessionID 的 Cookie 不丢失，都会保存 Session 信息。
- Session 不能跨进程访问，只能由该会话的用户访问。因为提取 Session 数据的 ID 标识是以 Cookie 的方式保存到访问者浏览器的缓存里的。
- 当会话终止或过期时，服务器就清除 Session 对象。
- Session 常用于保存登录用户的 ID。
- Session 保存的数据是跨页面全局型的。

6.5.1 Session 对象特性

1. Session 对象的属性

Session 对象的属性有：

① IsNewSession：如果用户访问页面时是创建新会话，则此属性将返回 true，否则将返回 false。

② TimeOut：传回或设置 Session 对象变量的有效时间，如果在有效时间内有没有任何客户端动作，则会自动注销。

注意：如果不设置 TimeOut 属性，则系统默认的超时时间为 20 min。Session 对象在生活中的应用比较广，如登录学校的成绩管理系统，如果离开 20 min 以后就会要求用户重新输入密码。

2. Session 对象的常用方法

Session 对象的常用方法有：

① Add：创建一个 Session 对象。

② Abandon：该方法用来结束当前会话并清除对话中的所有信息，如果用户重新访问页面，则可以创建新会话。

③ Clear：将清除全部的 Session 对象变量，但不结束会话。

注意：Session 对象可以不需要 Add 方法进行创建，可以直接使用 "Session["变量名"]=变量值" 的语法进行 Session 对象的创建。

Session 同样也可以用于页面传值。

优点：使用简单，不仅能传递简单数据类型，还能传递对象；数据量大小是不限制的。

缺点：在 Session 变量存储大量的数据会消耗较多的服务器资源；容易丢失。

3. Session 对象的使用方法

Session 对象的使用方法有：

① 在源页面的代码中创建用户需要传递的名称和值构造 Session 变量，相关代码如下：

```
Session["Name"]="Value(Or Object)";
```

② 在目的页面的代码使用 Session 变量取出传递的值，相关代码如下：
```
Result = Session["Nmae"]
```
注意：Session 不用时可以销毁它，销毁的方法是：
  ① 清除一个：Session.Remove("session 名");
  ② 清除所有：Session.Clear()。

案例的主要步骤如下：
① 新建 ASP.NET 网站，添加 Web 窗体文件 a.aspx。
② 在 a.aspx 页面添加一个标签、一个文本框、一个传值按钮，并在传值按钮的单击响应事件 Button1_Click 中添加如下代码：
```
protected void Button1_Click(object sender, EventArgs e)
{
    Session["name"] = TextBox_username.Text;
    Response.Redirect("b.aspx");
}
```
③ 新建一个 Web 窗体 b.aspx，添加两个标签控件，一个标签控件显示"用户名"，另一个标签控件存放上个页面传过来的值，在该窗体的 Page_Load 方法中输入如下代码：
```
protected void Page_Load(object sender, EventArgs e)
{
    Label_username.Text = Session["name"].ToString();
}
```
④ 按【Ctrl+F5】组合键执行程序，效果如图 6-9 所示。

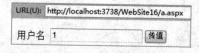

图 6-9 Session 页面传值的 a.aspx

⑤ 填写用户名，单击传值按钮就可以看到页面跳转到 b.aspx，可以看到页面中获取了刚才的输入信息，如图 6-10 所示。

图 6-10 Session 页面传值的 b.aspx

6.5.2 统计用户添加商品次数

创建一个简单的网页，实现购物车的一些简单功能。该网页会显示购物车的商品数，其中有两个按钮，一个向购物车添加商品，另一个清空购物车。

案例的主要步骤如下：
① 新建 ASP.NET 空网站。添加 Web 窗体 Default.aspx。
② 在 Default.aspx 的设计窗口中添加两个 Button 按钮。将第一个按钮的 ID 设置为 Clear，Text

属性设置为"清空购物车";将第二个按钮的 ID 设置为 Add,Text 属性设置为"添加",再在页面中添加一个 Label 控件。

在页面中双击"添加"按钮,生成 Add_Click 事件处理程序,并在其中输入代码如下:

```
protected void add_Click(object sender, EventArgs e)
{
    if (Session["count"] != null)
    {
        int i = (int)Session["count"];
        i++;
        Session["count"] = (object)i;
    }
    else
    {
        Session["count"] = 1;
    }
    Label1.Text = "商品数量: " + Session["count"].ToString();
}
```

③ 在页面中双击"清空购物车"按钮,生成 Clear_Click 事件处理程序,并在其中输入如下代码:

```
protected void clear_Click(object sender, EventArgs e)
{
    Session["count"] = 0;
    Label1.Text = "商品数量: " + Session["count"].ToString();
}
```

④ 按【Ctrl+F5】组合键执行程序,如图 6-11 所示。单击"添加"按钮,会发现重新装载页面,可以看到购物车中的商品数量已经增加了,如果刷新页面,购物车中的数量是不会发生改变的,只有关闭浏览器或者使其放置的时间超过 20 min,才会丢失信息,单击"清空购物车"按钮,可以看到商品数量变为 0。

图 6-11 统计用户添加商品次数

6.6 Cookie 对象

Session 对象能够保存用户信息,但是 Session 对象并不能够持久地保存用户信息,当用户在限定时间内没有任何操作时,用户的 Session 对象将被注销和清除,在持久化保存用户信息时,Session 对象并不适用。

使用 Cookie 对象能够持久地保存用户信息,相比于 Session 对象和 Application 对象而言,Cookie 对象保存在客户端,而 Session 对象和 Application 对象保存在服务器端,所以 Cookie 对象能够长期保存。Web 应用程序可以通过获取客户端的 Cookie 的值来判断用户的身份来进行认证。

ASP.NET 内包含两个内部的 Cookie 集合。通过 HttpRequest 的 Cookies 集合来进行访问,Cookie

不是 Page 类的子类，所以使用方法与 Session 和 Application 不同。相对于 Session 和 Application 而言，Cookie 的优点如下：

① 可以配置到期的规则：Cookie 可以在浏览器会话结束后立即到期，也可以在客户端中无限保存。

② 简单：Cookie 是一种基于文本的轻量级结构，包括简单的键值对。

③ 数据持久性：Cookie 能够在客户端上长期进行数据保存。

④ 无须任何服务器资源：Cookie 无须任何服务器资源，存储在本地客户端中。

虽然 Cookie 包括若干优点，这些优点能够弥补 Session 对象和 Application 对象的不足，但是 Cookie 对象同样有缺点，Cookie 的缺点如下：

① 大小限制：Cookie 包括大小限制，并不能无限保存 Cookie 文件。

② 不确定性：如果客户端配置禁用 Cookie，则 Web 应用中使用的 Cookie 将被限制，客户端将无法保存 Cookie。

③ 安全风险：现在有很多的软件能够伪装 Cookie，这意味着保存在本地的 Cookie 并不安全，Cookie 能够通过程序修改、伪造，这会导致 Web 应用在认证用户权限时出现错误。

Cookie 是一个轻量级的内置对象，Cookie 并不能将复杂和庞大的文本进行存储，在进行相应的信息或状态的存储时，应该考虑 Cookie 的大小限制和不确定性。

1. Cookie 对象的属性

Cookie 对象的属性有：

① Name：获取或设置 Cookie 的名称。

② Value：获取或设置 Cookie 的 Value。

③ Expires：获取或设置 Cookie 的过期日期和事件。

④ Version：获取或设置 Cookie 的符合 HTTP 维护状态的版本。

2. Cookie 对象的常用方法

Cookie 对象的常用方法有：

① Add：增加 Cookie 变量。

② Clear：清除 Cookie 集合内的变量。

③ Get：通过变量名称或索引得到 Cookie 的变量值。

④ Remove：通过 Cookie 变量名称或索引删除 Cookie 对象。

3. 创建 Cookie 对象

通过 Add 方法能够创建一个 Cookie 对象，并通过 Expires 属性设置 Cookie 对象在客户端中所持续的时间，示例代码如下：

```
HttpCookie MyCookie = new HttpCookie("MyCookie ");
MyCookie.Value = Server.HtmlEncode("我的Cookie应用程序");//设置Cookie的值
MyCookie.Expires = DateTime.Now.AddDays(5);                //设置Cookie过期时间
Response.AppendCookie(MyCookie);                            //新增Cookie
```

上述代码创建了一个名称为 MyCookie 的 Cookies，通过使用 Response 对象的 AppendCookie 方法进行 Cookie 对象的创建，与此相同，使用 Add 方法同样能够创建一个 Cookie 对象，示例代码如下：

```
Response.Cookies.Add(MyCookie);
```

当创建了 Cookie 对象后，将会在客户端的 Cookies 目录下建立文本文件，文本文件的内容如下：

```
MyCookie
MyCookie
```

注意：Cookies 目录在 Windows 下是隐藏目录，并不能直接对 Cookies 文件夹进行访问，在该文件夹中可能存在多个 Cookie 文本文件，这是由于在一些网站中登录保存了 Cookies 的原因。

4．获取 Cookie 对象

Web 应用在客户端浏览器创建 Cookie 对象之后，就可以通过 Cookie 的方法读取客户端中保存的 Cookies 信息，示例代码如下：

```
protected void Page_Load(object sender, EventArgs e)
  {
    try
    {
    HttpCookie MyCookie = new HttpCookie("MyCookie ");        //创建Cookie对象
    MyCookie.Value = Server.HtmlEncode("我的Cookie应用程序");  //Cookie赋值
    MyCookie.Expires = DateTime.Now.AddDays(5);               //Cookie持续时间
    Response.AppendCookie(MyCookie);                          //添加Cookie
    Response.Write("Cookies 创建成功");                        //输出成功
    Response.Write("<hr/>获取Cookie的值<hr/>");
    HttpCookie GetCookie = Request.Cookies["MyCookie"];       //获取Cookie
    Response.Write("Cookies的值:" + GetCookie.Value.ToString() + "<br/>");
                                                              //输出Cookie值
    Response.Write("Cookies的过期时间:" + GetCookie.Expires.ToString() + "<br/>");
    }
      catch
    {
      Response.Write("Cookies 创建失败");                     //抛出异常
    }
  }
```

上述代码创建一个 Cookie 对象之后立即获取刚才创建的 Cookie 对象的值和过期时间。通过 Request.Cookies 方法可以通过 Cookie 对象的名称或者索引获取 Cookie 的值。

在一些网站或论坛中，经常使用到 Cookie，用户浏览并登录网站后，当用户浏览完毕并退出网站时，Web 应用可以通过 Cookie 方法对用户信息进行保存。当用户再次登录时，可以直接获取客户端的 Cookie 的值而无须用户再次进行登录操作。

Cookie 对象同样可以用于页面传值，这个也是大家常用的方法。Cookie 用于在用户浏览器上存储小块的信息，来保存用户的相关信息，如用户访问某网站时用户的 ID、偏好等，用户下次访问就可以通过检索获得以前的信息，所以 Cookie 也可以在页面间传递值。Cookie 通过 HTTP 头在浏览器和服务器之间来回传递。Cookie 只能包含字符串的值，如果想在 Cookie 存储整数值，那么需要先转换为字符串的形式。与 Session 一样，其是针对每一个用户而言的，但是有个本质的区别，即 Cookie 是存放在客户端的，而 Session 是存放在服务器端的，而且 Cookie 的使用要配合 ASP.NET 内置对象 Request。

Cookie 对象用于页面传值的优缺点如下：

优点：使用简单，是保持用户状态的一种非常常用的方法，如在购物网站中用户跨多个页面表单时可以用它来保持用户状态。

缺点：常常被人们认为用来收集用户隐私而遭到批评；安全性不高，容易伪造。

Cookie 对象的使用方法：

① 在源页面的代码中创建用户需要传递的名称和值构造 Cookie 对象；

② 在目的页面的代码使用 Cookie 对象取出传递的值。

案例的主要步骤如下：

① 新建 ASP.NET 网站，添加 Web 窗体文件 a.aspx。

② 在 a.aspx 页面添加一个标签、一个文本框、一个传值按钮，并在传值按钮的单击响应事件 Button1_Click 中添加如下代码：

```
protected void Button1_Click(object sender, EventArgs e)
{
    HttpCookie objCookie = new HttpCookie("myCookie", TextBox_username.Text);
    Response.Cookies.Add(objCookie);
    Response.Redirect("b.aspx");
}
```

③ 新建一个 Web 窗体 b.aspx，在它的 Page_Load 方法中输入如下代码：

```
protected void Page_Load(object sender, EventArgs e)
{
    Label_username.Text =,Request.Cookies["myCookie"].Value.ToString();
}
```

④ 按【Ctrl+F5】组合键执行程序，效果如图 6-12 所示。

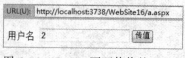

图 6-12　Cookie 页面传值的 a.aspx

⑤ 填写用户名，单击"传值"按钮就可以看到页面跳转到 b.aspx，可以看到页面中获取了刚才的输入信息，如图 6-13 所示。

图 6-13　Cookie 页面传值的 b.aspx

6.7 Server 服务对象

Server 对象是 HttpServerUtility 的一个实例，该对象提供对服务器上的方法和属性进行访问。

1. Server 对象的常用属性

Server 对象的常用属性有：

① MachineName：获取远程服务器的名称。

② ScriptTimeout：获取和设置请求超时。

通过 Server 对象能够获取远程服务器的信息，示例代码如下：

```
protected void Page_Load(object sender, EventArgs e)
{
    Response.Write(Server.MachineName);          //输出服务器信息
}
```

上述代码运行后将会输出服务器名称，本例输出为"WIN-YXDGNGPG621"，该输出结果根据服务器的名称不同而不同。

2. Server 对象的常用方法

Server 对象的常用方法有：

① CreatObject：创建 COM 对象的一个服务器实例。

② Execute：使用另一个页面执行当前请求。

③ Transfer：终止当前页面的执行，并为当前请求开始执行新页面。

④ HtmlDecode：对已被编码的消除 HTML 无效字符的字符串进行解码。

⑤ HtmlEncode：对要在浏览器中显示的字符串进行编码。

⑥ MapPath：返回与 Web 服务器上的执行虚拟路径相对应的物理文件路径。

⑦ UrlDecode：对字符串进行解码，该字符串为了进行 HTTP 传输而进行编码并在 URL 中发送到服务器。

⑧ UrlEncode：编码字符串，以便通过 URL 从 Web 服务器到客户端浏览器的字符串传输。

在 ASP.NET 中，默认编码是 UTF-8，所以在使用 Session 和 Cookie 对象保存中文字符或者其他字符集时经常会出现乱码，为了避免乱码的出现，可以使用 HtmlDecode 和 HtmlEncode 方法进行编码和解码。HTML 页面代码如下：

```
<body>
    <form id="form1" runat="server">
        <p>
            HtmlDecode:
            <asp:Label ID="Label1" runat="server" Text="Label"></asp:Label>
        </p>
        <p>
            HtmlEncode:
            <asp:Label ID="Label2" runat="server" Text="Label"></asp:Label>
```

```
        </p>
    </form>
</body>
```

上述代码使用了两个文本标签控件用来保存并呈现编码后和解码后的字符串，在 CS 页面可以对字符串进行编码和解码操作，示例代码如下：

```
string str = "<p>(*^__^*) 嘻嘻……</p>";           //声明字符串
Label1.Text = Server.HtmlEncode(str);              //字符串编码
Label2.Text = Server.HtmlDecode(Label1.Text);      //字符串解码
```

上述代码将 str 字符串进行编码并存放在 Label1 标签中，Label2 标签将读取 Label1 标签中的字符串再进行解码，运行后如图 6-14 所示。

图 6-14 HtmlEncode 和 HtmlDecode 方法

在使用了 HtmlEncode 方法后，编码后的 HTML 标注会被转换成相应的字符，如符号"<"会被转换成字符"<"。在进行解码时，相应的字符会被转换回来，并呈现在客户端浏览器中。当需要让浏览器接收 HTML 字符时，URL 地址栏中对页面的参数的传递不能够包括空格、换行等符号，如果需要使用该符号，可以使用 UrlEncode 方法和 UrlDecode 方法进行变量的编码解码，示例代码如下：

```
protected void Button1_Click(object sender, EventArgs e)
{
    string str = Server.UrlEncode("错误信息 \n 操作异常");  //使用 UrlEncode 进行编码
    Response.Redirect("Server.aspx?str=" + str);           //页面跳转
}
```

在 Page_Load 方法中可以接收该字符串，示例代码如下：

```
if(Request.QueryString["str"] != "")
{
    //使用 UrlDecode 进行解码
    Label3.Text = Server.UrlDecode(Request.QueryString["str"]);
}
```

当长字符串跳转和密封的信息在页面中进行发送和传递时，可以使用 UrlEncode 方法和 UrlDecode 方法进行变量的编码解码，以提高应用程序的安全性。

3. Server.MapPath 方法

在创建文件、删除文件或者读取文件类型的数据库时，都需要指定文件的路径并显式地提供物理路径执行文件的操作，如 D:\Program Files。但是这样做暴露了物理路径，如果有非法用户进行非法操作，很容易就显示了物理路径，造成了安全问题。

而在使用文件和创建文件时，如果非要为创建文件的保存地址设置一个物理路径，这样非常不便并且用户体验也不好。当用户需要上传文件时，用户不可能知道也不应该知道服务器路径。使用 MapPath 方法能够实现，若 MapPath 方法以 "/" 开头，则返回 Web 应用程序的根目录所在的路径；若 MapPath 方法以 "../" 开头，则会从当前目录开始寻找上级目录，如图 6-15 所示，而其实际服务器路径如图 6-16 所示。

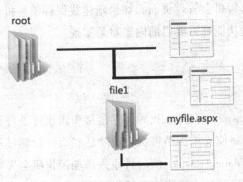

图 6-15　MapPath 方法示意图

图 6-16　实际服务器路径

图 6-16 所示的根目录下有一个文件夹为 file1，在 file1 中的文件可以使用 MapPath 访问根目录中文件的方法有 Server.MapPath("../文件名称")或 Server.MapPath("/文件名称")，示例代码如下：

```
string FilePath = Server.MapPath("../Default.aspx");        //设置路径
string FileRootPath = Server.MapPath("/Default.aspx");      //设置路径
```

Server.MapPath 其实返回的是物理路径，但是通过 MapPath 的封装，通过代码无法看见真实的物理路径，若需要知道真实的物理路径，只需输出 Server.MapPath 即可，示例代码如下：

```
Response.Write(Server.MapPath("../Default.aspx"));          //输出路径
```

小　　结

本章讲解了 ASP.NET 内置对象，包括如何创建 ASP.NET 内置对象和使用 ASP.NET 内置对象。Web 应用程序从本质上来讲是无状态的，为了维持客户端的状态，必须使用 ASP.NET 内置对象进行客户端状态维护，包括 Session、Application 等。

作　　业

统计用户在线人数。

实训 6——完善销售机会管理界面

实训目标

完成本实训后，能够：
① 使用内置对象完成页面的跳转。
② 使用内置对象调用 JavaScript 脚本弹出提示对话框。
③ 完善销售机会添加和编辑页面的部分功能。

实训场景

东升客户关系管理系统的销售管理模块需要完善新建销售机会和编辑销售机会两个页面的功能，当新建或修改销售机会信息成功后能跳转到销售机会管理页面，如果新建或保存销售机会信息时出错，能弹出对话框提示用户错误信息，这些功能都需要借助内置对象实现。

实训步骤

1. 完善新建销售机会功能

打开 CRM 项目下的 SaleManage/ CreateChance.aspx.cs 文件，找到保存链接单击事件处理程序 lnkUpdate_Click，使用内置对象 Response 的方法，将原先添加销售机会成功后在页面标题显示信息的代码改为跳转到销售机会管理页面 SaleChanceManager.aspx，然后将原先添加销售机会失败后在页面标题显示信息的代码改为弹出对话框显示出错信息，最终完善销售机会数据的添加功能。

2. 完善修改销售机会功能

打开 CRM 项目下的 SaleManage/ EditSaleChance.aspx.cs 文件，找到保存链接单击事件处理程序 lnkUpdate_Click，使用内置对象 Response 的方法，将原先保存销售机会成功后在页面标题显示信息的代码改为跳转到销售机会管理页面 SaleChanceManager.aspx，然后将原先保存销售机会失败后在页面标题显示信息的代码改为弹出对话框显示出错信息，最终完善销售机会数据的编辑修改功能。

第 7 章　GridView 控件的使用——完善界面

7.1　使用数据控件 GridView 处理复杂的数据显示界面

应用程序中经常需要显示多列数据，或对多列数据进行添加、删除、修改、查找等操作，这些数据可能来源于数据库，也可以是程序运行时得到享受的数据或数据集。

GridView 控件可以绑定到各种数据（集），它以表的形式显示数据，并提供对列进行的基本的排序、分页、编辑、删除功能，还能灵活地进行数据处理。它的主要功能是：
- 绑定和显示数据；
- 对数据进行选择、排序、分页、编辑和删除；
- 自定义 GridView 的外观和行为。

本章将通过案例展示的方式讲解 ASP.NET 应用程序中的数据绑定技术，重点介绍数据绑定控件 GridView 的使用。通过本章的学习，将能够：
- 了解什么是数据绑定控件？
- 掌握使用 GridView 显示数据及处理数据的方法。
- 掌握 GridView 分页技术。

7.2　GridView 控件概述

GridView 是最常用的数据绑定控件之一，GridView 控件的基本用途是：以表的形式显示数据，并提供排序、浏览、编辑及删除记录的功能。

7.2.1　数据绑定控件与 GridView

1. 数据绑定控件

数据绑定控件是指可绑定到数据源，以实现在 Web 应用程序中轻松显示和修改数据的控件。

数据绑定控件是将其他 Web 控件（如 Label 控件、TextBox 控件等）组合到单个布局中的复合控件。使用数据绑定控件，用户不仅能够将控件绑定到一个数据结果集，还能够使用模板自定义控件的布局，以及利用模型方便地进行事件处理。

ASP.NET 中常用的数据绑定控件有：DetailsView、FormView、GridView 和 ListView 控件等。

数据绑定控件由于其基本功能相同（即绑定数据（集），用于数据显示、操作），因此有很多共同的常用属性，如表7-1所示。

表7-1 数据绑定控件的常用属性

属　性	说　明
DataKeyNames	数据源中键字段以逗号分隔的列表
DataMember	用于绑定的表或视图
DataSourceID	将被用作数据源的数据提供控件的名称
AllowSorting	是否排序
AutoGenerateColumns	是否自动生成列表
AutoGenerateDeleteButton	是否显示"删除"按钮
AutoGenerateEditButton	是否显示"编辑"按钮
AutoGenerateSelectButton	是否显示"选择"按钮

2. GridView控件

GridView控件是较常用的一种数据绑定控件，GridView控件的功能是以表格的形式一次显示多条数据记录，可以将GridView控件绑定多种不同的数据源（如数据库、XML文件和公开数据的业务对象等），通过GridView控件显示并操作其中的数据。GridView的数据源绑定工作原理如图7-1所示。

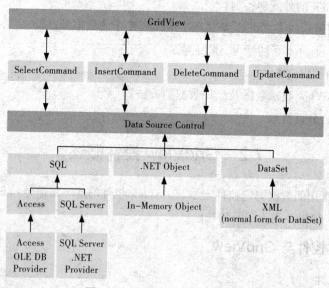

图7-1 GridView绑定数据源

使用GridView可以执行以下操作：

① 自动绑定和显示数据；

② 对数据进行选择、排序、分页、编辑和删除；

③ 自定义GridView的外观和行为。

其中，用户自定义 GridView 的外观和行为主要是通过执行以下操作来实现：

（1）指定自定义列和样式；

（2）利用模板创建自定义用户界面（UI）元素；

（3）通过处理事件将自己的代码添加到 GridView 控件的功能中。

7.2.2 GridView 控件常用的属性

GridView 支持大量属性，这些属性分为如下几类：行为属性、样式属性、外观属性、模板和状态属性等，如表 7-2～表 7-6 所示。

表 7-2 GridView 的行为属性

行 为 属 性	描 述
AllowPaging	指示该控件是否支持分页
AllowSorting	指示该控件是否支持排序
AutoGenerateColumns	指示是否自动地为数据源中的每个字段创建列。默认值为 true
AutoGenerateDeleteButton	指示该控件是否包含一个按钮列以允许用户删除映射到被单击行的记录
AutoGenerateEditButton	指示该控件是否包含一个按钮列以允许用户编辑映射到被单击行的记录
AutoGenerateSelectButton	指示该控件是否包含一个按钮列以允许用户选择映射到被单击行的记录
DataMember	指示一个多成员数据源中的特定表绑定到该网格。该属性与 DataSource 结合使用。如果 DataSource 有一个 DataSet 对象，则该属性包含要绑定的特定表的名称
DataSource	获得或设置包含用来填充该控件的值的数据源对象
DataSourceID	指示所绑定的数据源控件
EnableSortingAndPagingCallbacks	指示是否使用脚本回调函数完成排序和分页。默认情况下禁用
RowHeaderColumn	用作列标题的列名。该属性旨在改善可访问性
SortDirection	获得列的当前排序方向
SortExpression	获得当前排序表达式
UseAccessibleHeader	规定是否为列标题生成 <th> 标签(而不是 <td> 标签)

表 7-3 GridView 的样式属性

样 式 属 性	描 述
AlternatingRowStyle	定义表中每隔一行的样式属性
EditRowStyle	定义正在编辑的行的样式属性
FooterStyle	定义网格的页脚的样式属性
HeaderStyle	定义网格的标题的样式属性
EmptyDataRowStyle	定义空行的样式属性，在 GridView 绑定到空数据源时生成
PagerStyle	定义网格的分页器的样式属性
RowStyle	定义表中的行的样式属性
SelectedRowStyle	定义当前所选行的样式属性

表 7-4 GridView 的外观属性

外观属性	描述
BackImageUrl	指示要在控件背景中显示的图像的 URL
Caption	在该控件的标题中显示的文本
CaptionAlign	标题文本的对齐方式
CellPadding	指示一个单元的内容与边界之间的间隔（以像素为单位）
CellSpacing	指示单元之间的间隔（以像素为单位）
GridLines	指示该控件的网格线样式
HorizontalAlign	指示该页面上的控件水平对齐
EmptyDataText	指示当该控件绑定到一个空的数据源时生成的文本
PagerSettings	引用一个允许用户设置分页器按钮的属性的对象
ShowFooter	指示是否显示页脚行
ShowHeader	指示是否显示标题行

表 7-5 GridView 的模板属性

模板属性	描述
EmptyDataTemplate	指示该控件绑定到一个空的数据源时要生成的模板内容。如果该属性和 EmptyDataText 属性都设置了，则该属性优先采用。如果两个属性都没有设置，则把该网格控件绑定到一个空的数据源时不生成该网格
PagerTemplate	指示要为分页器生成的模板内容。该属性覆盖用户可能通过 PagerSettings 属性做出的任何设置

表 7-6 GridView 的状态属性

状态属性	描述
BottomPagerRow	返回该网格控件的底部分页器的 GridViewRow 对象
Columns	获得一个表示该网格中的列的对象的集合。如果这些列是自动生成的，则该集合总是空的
DataKeyNames	获得一个包含当前显示项的主键字段的名称的数组
DataKeys	获得一个表示在 DataKeyNames 中为当前显示的记录设置的主键字段的值
EditIndex	获得和设置基于 0 的索引，标识当前以编辑模式生成的行
FooterRow	返回一个表示页脚的 GridViewRow 对象
HeaderRow	返回一个表示标题的 GridViewRow 对象
PageCount	获得显示数据源的记录所需的页面数
PageIndex	获得或设置基于 0 的索引，标识当前显示的数据页
PageSize	指示在一个页面上要显示的记录数
Rows	获得一个表示该控件中当前显示的数据行的 GridViewRow 对象集合
SelectedDataKey	返回当前选中的记录的 DataKey 对象

续表

状 态 属 性	描 述
SelectedIndex	获得和设置标识当前选中行的基于 0 的索引
SelectedRow	返回一个表示当前选中行的 GridViewRow 对象
SelectedValue	返回 DataKey 对象中存储的键的显式值。类似于 SelectedDataKey
TopPagerRow	返回一个表示网格的顶部分页器的 GridViewRow 对象

7.2.3 使用 GridView 显示销售机会管理

下面首先使用 GridView 实现最基本的"显示"功能，要显示数据就必须绑定数据源。GridView 控件提供了两个用于绑定到数据的选项：

① 使用 DataSourceID 属性进行数据绑定。

Visual Studio 为 GridView 提供了数据源绑定方式，这种方法需要先创建数据源对象，将数据绑定到数据源控件，再将此数据源控件的 DataSourceID 赋给 GridView。使用数据源控件虽然简单，但是程序不够灵活，数据绑定依靠数据源控件不利于分层设计和复用。

② 使用 DataSource 属性进行数据绑定。

通常不提倡用数据源控件，而是通过代码实现数据绑定。这种方法可以将 GridView 灵活绑定到包括 ADO.NET 数据集和数据读取器在内的各种对象。它的操作步骤是：

- 得到数据（集）；
- 将数据（集）赋给 GridView 的 DataSource 属性；
- 执行控件的 DataBind()方法。

以第 5.3.1 节中的"显示销售机会信息"页面为例，采用三层架构，即将整个业务应用划分为：表现层（UI）、业务逻辑层（BLL）、数据访问层（DAL），使用 GridView 实现数据显示的步骤如下：

① 在数据访问层 DAL 程序集 SaleChanceRepository 类中添加 GetSaleChance 方法完成数据查询功能，该方法使用非连接方式读取所有的销售机会数据，代码如下：

```
public DataTable GetSaleChance()
{
    SqlConnection con = new SqlConnection(ConfigurationManager.
ConnectionStrings["CRMConnection"].ConnectionString);
    SqlDataAdapter da = new SqlDataAdapter("SELECT * FROM SaleChance", con);
    DataTable dtSaleChance = new DataTable();
    try
    {
        con.Open();
        da.Fill(dtSaleChance);
    }
    catch(Exception ex)
    {
    }
    finally
```

```
        {
            con.Close();
        }
        return dtSaleChance;
}
```

② 在业务逻辑层 BLL 程序集 SaleChanceService 类中添加对应的 GetSaleChance 方法，代码如下：

```
public DataTable GetSaleChance()
{
    return new SaleChanceRepository().GetSaleChance();
}
```

③ 在"显示销售机会信息"的页面添加 GridView 控件。

为了显示所有员工的信息，在"解决方案资源管理器"的 CRM 项目目录下的 SaleManage 文件夹中添加使用母版页面 Site.Master 的内容页面 SaleChanceManager.aspx，之后切换到设计视图，在工具面板的"数据"面板中，将 GridView 控件拖入内容页，添加 GridView 控件，将该控件的 ID 命名为 "grdSaleChances"。

④ 绑定数据源显示销售机会管理信息。

为了实现页面加载时就能看到查询结果。通过 GridView 控件绑定并显示系统中所有销售机会信息，必须在其 Page_Load 事件处理程序中进行数据加载和绑定，代码如下：

```
protected void Page_Load(object sender, EventArgs e)
{
    if(!this.IsPostBack)
    {
        ((SiteMaster)Master).PageTitle = this.Title.Trim();
        LoadSaleChances();
    }
}

protected void LoadSaleChances()
{
    //读取并显示所有销售机会
    grdSaleChances.DataSource = new SaleChanceService().GetSaleChance();
    grdSaleChances.DataBind();
}
```

7.3 编辑显示信息列

在第 7.2.3 节中，已经实现了使用 GridView 控件显示销售机会信息的基本功能，然而运行之后可以看到，销售机会信息的显示不够友好，对数据源的原始字段信息也没有进行隐藏，因此有必要对显示信息的方式做进行进一步的编辑。例如，可以指定显示列标题，指定表格的主键，添加对数据行进行修改、删除、选择等操作，还可以通过指定 GridView 控件中行的布局、颜色、字体和对齐方式等来美化表格。

1. GridView 控件信息列的类型

GridView 控件的 AutoGenerateColumns 属性用于启用自动生成数据绑定列功能。当其值为 false 时，可以自定义数据绑定列。

GridView 控件的数据绑定列有八种类型，如表 7-7 所示。

表 7-7 GridView 控件的数据绑定列的八种类型

类 型	用 途
BoundField	显示普通文本
CheckBoxField	使用复选框显示布尔型数据
CommandField	创建命令按钮
ImageField	在表格中显示图片列
HyperLinkField	将所绑定的数据以超链接形式显示
ButtonField	创建自定义的命令按钮
TemplateField	以模板形式自定义数据绑定列
DynamicField	向数据绑定控件添加动态行为

① BoundField 是默认的数据绑定列类型，它可以简单地绑定数据，通常用于显示普通文本。可以用以下的方式声明 BoundField：

```
<asp:BoundField DataField="columnName" HeaderText="headerName"
NullDisplayText = "空值" DataFormatString="{0:G3}"/>
```

其中，DataField 属性用于设置绑定的数据列名称；HeaderText 属性用于设置显示在表头位置的列的名称；NullDisplayText 属性用于设置当所获取的数据为空时，显示在单元格中的内容；DataFormatString 属性用于格式化数据显示。

② CheckBoxField 使用复选框显示布尔型数据，该列所绑定的通常为布尔型数据。当绑定值为 true 时，复选框控件显示为勾选状态。可以用以下的方式声明 CheckBoxField：

```
<asp: CheckBoxField="columnName" HeaderText="headerName"
    Text = "checkBoxText"/>
```

其中，Text 属性用于设置复选框选项文字，设置该属性后，该列每一下复选框旁边都显示 Text 属性所设置的文字内容。

③ CommandField 提供了创建命令按钮的功能。这些命令按钮可以是普通按钮，也可以是图片、超链接等形式，实现对数据进行选择、编辑、删除、取消等操作。可以用以下的方式声明 CommandField：

```
<asp: CommandField ButtonType="Button" ShowEditBotton="True"
 ShowDeleteBotton="True" ShoCancelButton="True" ShowSelectBotton="True"/>
```

④ ImageField 在表格中显示图片列，通常 ImageField 用于绑定图片的路径。可以用以下的方式声明 ImageField：

```
<asp: ImageField DataImageUrlField="columnName"
DataImageUrlFormatString="../images/{0}"/>
```

⑤ HyperLinkField 将所绑定的数据以超链接的形式显示出来。可以用以下的方式声明 HyperLinkField:

```
<asp: HyperLinkField DataTextField="columnName" DataTextFieldFormatString
="{0}" DataNavigateUrlField=" columnName2" DataNavigateUrlFieldFormatString
="{0}" Target="_blank"/>
```

⑥ ButtonField 用于创建自定义的命令按钮,相对于 CommandField,它具有很大的灵活性,与数据源控件没有什么直接关系。可以用以下的方式声明 ButtonField:

```
<asp: ButtonField CommandName="insertRow" Text="AddRow" ButtonType="Button" />
```

⑦ TemplateField 用于以模板形式自定义数据绑定列的内容,使用方法见第 7.4 节。

⑧ DynamicField 用于在自定义页面中显示使用 ASP.NET 动态数据功能的字段值。DynamicField 类提供类似 BoundField 类的功能。但是,因为在动态数据应用程序中使用了一个 DynamicField 对象,所以可以利用下列动态数据功能:基于数据类型,使用字段模板自动为字段呈现适当的控件;提供基于数据库架构的内置数据验证;通过在数据模型中使用属性 (Attribute) 或使用 UIHint 属性 (Property),为单个字段自定义数据呈现。可以用以下方式声明 DynamicField:

```
<asp:DynamicField DataField="……" />
```

2. 编辑销售机会显示页

下面来编辑显示销售机会信息列,指定 GridView 的显示列及列标题。

如果要自定义数据绑定列,首先将 GridView 控件的 AutoGenerateColumns 属性值设为 false,然后在内容页 SaleChanceManager.aspx 中选中 GridView 控件,单击出现在其右上角的小箭头,弹出"GridView 任务"菜单,如图 7-2 所示。

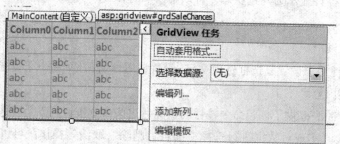

图 7-2 "GridView 任务"菜单

单击其中的"编辑列"菜单项,弹出"字段"编辑对话框,选中可用字段中的"BoundField",单击"添加"按钮,依次添加绑定列并设定列标题和绑定字段,按照数据库表"SaleChance"编辑"编号""客户名称""概要""联系人""联系人电话""创建时间""成功机率"各字段,其中将"编号"字段隐藏,如图 7-3 所示。

第 7 章 GridView 控件的使用——完善界面 135

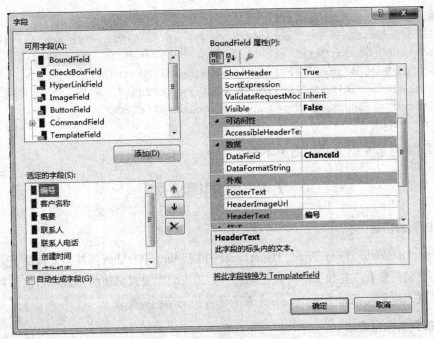

图 7-3 编辑 GridView 列信息

可以看到，通过设置列的 HeaderText 属性指定列标题，注意此时 DataField 的值与 GridView 绑定的数据（源）中的字段对应。

如果原始 GridView 控件运行时外观过于平淡、简单，可以使用自定义外观样式属性对 GridView 控件进行设置，也可以通过"GridView 任务"菜单中的"自动套用格式"功能自动套用 ASP.NET 内部提供的多种样式。

编辑完成后的 GridView 控件代码如下：

```
<asp:GridView ID="grdSaleChances" runat="server" AutoGenerateColumns="False"
    CssClass="zi" CellPadding="4" ForeColor="#333333" GridLines="None">
    <AlternatingRowStyle BackColor="White" />
    <Columns>
        <asp:BoundField DataField="ChanceId" HeaderText="编号" Visible="False" />
        <asp:BoundField DataField="ChanceCustomerName" HeaderText="客户名称" />
        <asp:BoundField DataField="ChanceTitle" HeaderText="概要" />
        <asp:BoundField DataField="ChanceLinkMan" HeaderText="联系人" />
        <asp:BoundField DataField="ChanceTelephone" HeaderText="联系人电话" />
        <asp:BoundField DataField="ChanceCreateDate" HeaderText="创建时间"
            DataFormatString="{0:yyyy-MM-dd}" />
        <asp:BoundField DataField="ChanceRate" HeaderText="成功机率" />
    </Columns>
    <EditRowStyle BackColor="#2461BF" />
    <FooterStyle BackColor="#507CD1" Font-Bold="True" ForeColor="White" />
    <HeaderStyle BackColor="#507CD1" Font-Bold="True" ForeColor="White" />
    <PagerStyle BackColor="#2461BF" ForeColor="White" HorizontalAlign="Center" />
```

```
<RowStyle BackColor="#EFF3FB" />
<SelectedRowStyle BackColor="#D1DDF1" Font-Bold="True" ForeColor="#333333" />
<SortedAscendingCellStyle BackColor="#F5F7FB" />
<SortedAscendingHeaderStyle BackColor="#6D95E1" />
<SortedDescendingCellStyle BackColor="#E9EBEF" />
<SortedDescendingHeaderStyle BackColor="#4870BE" />
</asp:GridView>
```

运行后效果与第 5.3.1 节中的图 5-4 一致。

7.4 添加模板列

1. 模板列的用途

虽然 CheckBoxField、ImageField、HyperLinkField 和 ButtonField 等控件类型提供了多种编辑列的功能，但它们仍然有一些相关的格式化限制。如果人们需要以其他的形式显示信息列怎么办？GridView 提供了使用模板列 TemplateField 来满足各种灵活的列编辑。

2. 模板列的使用方法

可以用以下的方式声明 TemplateField：

```
<asp:TemplateField HeaderText="headerName">
    <AlternatingItemTemplate></AlternatingItemTemplate>
    <EditItemTemplate></EditItemTemplate>
    <HeaderTemplate><HeaderTemplate />
    <FooterTemplate><FooterTemplate />
    <InsertItemTemplate></InsertItemTemplate>
    <ItemTemplate></ItemTemplate>
</asp:TemplateField>
</asp:TemplateField>
```

TemplateField 为数据绑定列提供了不同的模板，当需要自定义表头单元格时，可以使用 HeaderTemplate 模板；当列中需要使用多个控件时，可以使用 ItemTemplate 模板。

3. 用模板列实现对销售机会信息的数据操作

（1）添加模板列对每行数据进行编辑、指派和删除操作

在第 7.3 节编辑完成的 GridView 控件中添加一列"操作"列，该列的类型为模板列，用来对每条销售机会信息进行编辑、指派和删除的操作。添加方式按照图 7-2 所示的"GridView 任务"菜单中弹出的"字段"编辑对话框，选择字段类型"TemplateField"，单击"添加"按钮，在右侧的属性窗口中设置列标题为"操作"，如图 7-4 所示。

设置完毕后单击"确定"按钮返回"GridView 任务"菜单，单击"编辑模板"进入"模板编辑模式"，在 ItemTemplate 编辑框中添加三个"ImageButton"命令按钮，分别表示"编辑""指派""删除"功能，如图 7-5 所示。

第 7 章　GridView 控件的使用——完善界面　137

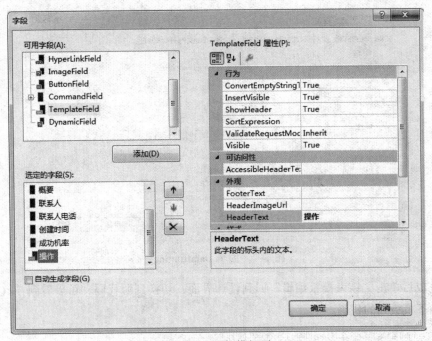

图 7-4　添加模板列

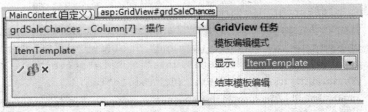

图 7-5　编辑模板列

该操作列要实现对每条数据的操作，三个按钮分别用来跳转到"编辑销售机会"页面、"指派销售机会"页面和执行"删除销售机会"功能，必须将每个按钮绑定"ChanceId"字段，便于跳转页面的同时传递销售机会编号。以"编辑"按钮为例，单击"编辑"按钮右侧的箭头，弹出"ImageButton 任务"菜单，如图 7-6 所示。

图 7-6　"编辑"按钮数据绑定

单击"编辑 DataBindings"按钮，弹出图 7-7 所示的编辑对话框，将 CommandArgument 属性绑定 ChanceId 字段，同时添加对应的"Command"事件，按照同样的方式编辑"指派"和"删除"按钮，以实现数据的编辑、指派和删除操作。

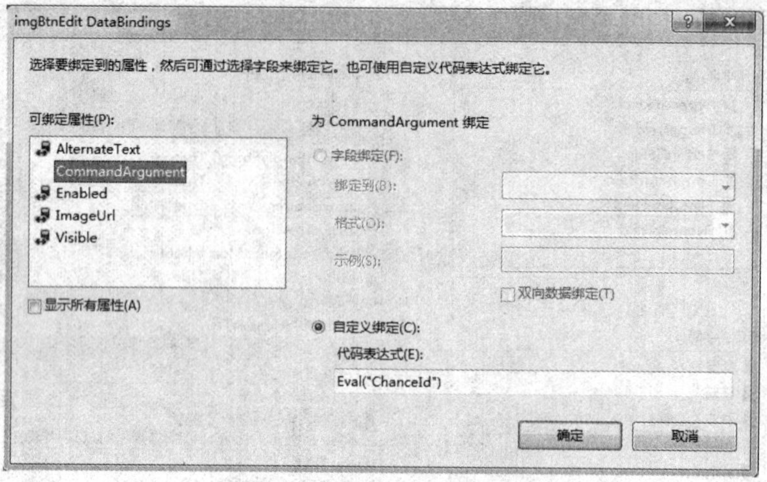

图 7-7 编辑 DataBindings

编辑完成后单击"结束模板编辑"回到设计界面,切换到源代码,可以看到在<Columns>节中添加了如下模板列的代码:

```
<asp:TemplateField HeaderText="操作">
    <itemtemplate>
        <asp:ImageButton ID="imgBtnEdit" runat="server"
            CommandArgument='<%# Eval("ChanceId") %>' ImageUrl="~/Images/edit.gif"
            oncommand="imgBtnEdit_Command" ToolTip="编辑销售机会" />
        <asp:ImageButton ID="imgBtnSignTo" runat="server"
            CommandArgument='<%# Eval("ChanceId") %>'
            ImageUrl="~/Images/ group.png"
            OnCommand="imgBtnSignTo_Command" ToolTip="指派销售机会给员工" />
        <asp:ImageButton ID="imgBtnDelete" runat="server"
            CommandArgument='<%# Eval("ChanceId") %>'
            ImageUrl="~/Images/delete.gif"
            onclientclick="JavaScript:return confirm('确定要删除吗?')"
            oncommand="imgBtnDelete_Command" ToolTip="删除销售机会" />
    </itemtemplate>
    <ItemStyle HorizontalAlign="Center" />
</asp:TemplateField>
```

其中,应用 JavaScript 实现在删除前先弹出是否删除的确认提示框。

(2)实现销售机会信息的编辑、指派和删除

在"编辑""指派""删除"按钮的事件处理程序中完成代码编辑,同时添加指派销售机会页面"SignChanceToEmployee.aspx",切换到销售机会管理页面后台代码,在 SaleChanceManager.aspx.cs 中添加代码如下:

```
protected void imgBtnEdit_Command(object sender, CommandEventArgs e)
{
    int chanceId = Convert.ToInt32(e.CommandArgument);
    Response.Redirect("./EditSaleChance.aspx?chanceId=" + chanceId.ToString());
```

```
}
protected void imgBtnSignTo_Command(object sender, CommandEventArgs e)
{
    int chanceId = Convert.ToInt32(e.CommandArgument);
    Response.Redirect("./SignChanceToEmployee.aspx?chanceId=" +
        chanceId.ToString());
}
protected void imgBtnDelete_Command(object sender, CommandEventArgs e)
{
    int chanceId = Convert.ToInt32(e.CommandArgument);
    bool hasSucceed = new SaleChanceService().Delete(chanceId);
    if(hasSucceed)
    {
        LoadSaleChances();
    }
    else
    {
        Response.Write("<script language=javascript>alert('删除销售机会失败');</script>");
    }
}
```

在上述代码中，当用户在选中的行中单击操作列的"编辑"按钮时会跳转到编辑销售机会页面 EditSaleChance.aspx，此时编辑页面应该显示该条被选中编辑的销售机会的信息，所以还要修改编辑销售机会页面的后台代码，打开 EditSaleChance.aspx.cs 代码文件，找到页面加载时读取数据的 LoadData 方法，将其中的第一行代码改成获取传递的销售机会编号值，以便读取对应的销售机会信息，代码如下：

```
protected void LoadData()
{
    //获取传递的销售机会编号值
    int chanceId = Convert.ToInt32(Request.QueryString["chanceId"]);
    …
}
```

要实现"删除"功能，还要在业务逻辑层 BLL 程序集 SaleChanceService 类中添加 Delete 方法，代码如下：

```
public bool Delete(int chanceId)
{
    return new SaleChanceRepository().Delete(chanceId);
}
```

另外，还需在数据访问层 DAL 程序集 SaleChanceRepository 类中添加 Delete 方法完成删除数据功能，代码如下：

```
public bool Delete(int chanceId)
{
```

```csharp
//使用连接方式访问数据库
//连接方式访问数据库的主要步骤
//①创建连接对象
SqlConnection con = new SqlConnection ( ConfigurationManager.
ConnectionStrings ["CRMConnection"].ConnectionString);
//②创建命令对象
SqlCommand cmd = new SqlCommand("SaleChance_Delete", con);
cmd.CommandType = CommandType.StoredProcedure;
SqlParameter prmChanceId = new SqlParameter("@ChanceId", SqlDbType.Int);
prmChanceId.Value = chanceId;
cmd.Parameters.Add(prmChanceId);

int deletedRowCount = 0;
try
{
    //③打开连接
    con.Open();
    //④发送命令
    deletedRowCount = cmd.ExecuteNonQuery();
    //⑤处理数据，本功能不需要进行数据的处理，此步骤没有对应代码
}
catch(Exception ex)
{
}
finally
{
    //⑥关闭连接
    con.Close();
}
return deletedRowCount > 0;
}
```

修改后的销售机会信息页面的运行结果如图 7-8 所示。

图 7-8 修改后的销售机会管理页面

7.5 事件处理

GridView 有很多事件，事件可以定制控件的外观或者行为。

1. GridView 显示数据时的事件

GridView 显示数据时的事件有：

① DataBinding：在绑定数据源之前触发（继承自 Control）。
② DataBound：在绑定到数据源后触发。
③ RowCreated：创建每一行时触发。
④ RowDataBound：每一行绑定完数据时触发。

2. GridView 编辑数据时的事件

GridView 编辑数据时的事件有：

① RowCommand：当 GridView 中的控件引发事件时触发。
② RowUpdating：当 GridView 更新记录前触发。
③ RowUpdated：当 GridView 更新记录后触发。
④ RowDeleting：当 GridView 删除记录前触发。
⑤ RowDeleted：当 GridView 删除记录后触发。
⑥ RowCancelingEdit：取消更新记录后触发。
⑦ RowEditing：单击某一行的"编辑"按钮以后，GridView 控件进入编辑模式之前触发。

3. GridView 选择、排序和分页事件

GridView 选择、排序和分页事件有：

① PageIndexChanging：单击某一页导航按钮时，但在 GridView 控件处理分页操作之前发生。
② PageIndexChanged：单击某一页导航按钮时，但在 GridView 控件处理分页操作之后发生。
③ Sorting：在排序开始前触发。
④ Sorted：排序操作进行处理之后触发。
⑤ SelectedIndexChanging：行被选中之前发生。
⑥ SelectedIndexChanged：行被选中之后发生。

4. 使用 GridView 事件实现销售机会操作按钮的设定

由于指派过的销售机会进入到下一个客户开发阶段，就不能再进行编辑和删除，所以绑定数据时要根据每个销售机会的状态值来设定操作按钮，没有指派过的有"编辑""指派""删除"三个操作按钮，而指派过的只有一个"指派"按钮，因此需要给"GridView"控件添加一个"RowDataBound"事件。最后完成 GridView 控件的数据绑定事件处理程序 grdSaleChances_RowDataBound()，代码如下：

```
protected void grdSaleChances_RowDataBound(object sender, GridViewRowEventArgs e)
{
    if(e.Row.RowType == DataControlRowType.DataRow)
```

```
            {
                DataRowView row = e.Row.DataItem as DataRowView;
                int status = Convert.ToInt32(row["ChanceStatus"]);
                if(status!=Convert.ToInt32(SALECHANCESTATUSVALUE.UNDESIGNATED))
                {
                    Control ctrlEdit = e.Row.Cells[7].FindControl("imgBtnEdit");
                    if(ctrlEdit != null)
                    {
                        ctrlEdit.Visible = false;
                    }
                    Control ctrlDelete = e.Row.Cells[7].FindControl("imgBtnDelete");
                    if(ctrlDelete != null)
                    {
                        ctrlDelete.Visible = false;
                    }
                }
            }
        }
```

操作设定完成后的销售机会管理页面运行结果如图 7-9 所示。

图 7-9 操作设定后的销售机会管理页面

7.6 分页显示

如果表格数据太多（如有几百条、上千条记录等），在客户端一次性下载和显示将造成浏览器页面显示的呆滞停顿。记录数如果超过 20 行，可以考虑分页显示。GridView 控件通过设置分页属性，可以实现自动分页功能。

1. GridView 控件自带的分页功能

GridView 控件提供简单的分页功能，要实现 GridView 分页的功能，需要分别编辑分页页面和分页事件。

首先编辑分页页面，操作步骤如下：

① 更改 GridView 控件的 AllowPaging 属性为 true，即设置允许分页显示；

② 更改 GridView 控件的 PageSize 属性（每页行数）为指定数值（默认值为 10），当显示的行数超过指定值时便会出现下一页和上一页的导航链接；

③ 更改 GrdView 控件的 PageSetting 中的 Mode 属性（默认值为 Numeric），该属性为分页样式。

另外，也可以使用 PagerTemplate 模板自定义分页的用户界面。Mode 的选项可以有四种类型，如表 7-8 所示。

表 7-8 GridView 中 PagerTemplate 模板的四种 Mode 类型

Mode 的类型	显 示 方 式
Numeric	1 2 3 4 5 6 7 8 9 10 ...
NextPrevious	< >
NextPreviousFirstLast	<< < > >>
NumericFirstLast	1 2 3 4 5 6 7 8 9 10 ... >>

如果 Mode 为 NextPrevious 或 NextPreviousFirstLast，可以通过设置 PagerSettings 下的四个属性，采用中文信息提供导航链接文字，属性设置如下：

- FirstPageText="第一页"；
- LastPageText="最后一页"；
- NextPageText="下一页"；
- PreviousPageText="上一页"。

还可以通过设置 PagerSettings 下的四个属性，显示图片导航链接。采用图片导航样式时，上面列出的文字链接属性将无效。属性设置如下：

- FirstPageImageUrl="第一页的图片"；
- LastPageImageUrl="最后一页的图片"；
- NextPageImageUrl="下一页的图片"；
- PreviousPageImageUrl="上一页的图片"。

这里的图片必须先建立，并在"解决方案资源管理器"中通过"添加现有项"选项将图片添加到项目中，然后在 GridView 属性窗口中进行选择。

GridView 属性设置好后，从页面上就可以看到分页样式了。

接下来实现分页事件，给 GridView 控件添加分页事件 PageIndexChanging，该事件在分页操作之前发生。在该事件处理程序中设置新页的索引，然后重新加载数据。

2．实现销售机会信息的分页显示

在第 7.5 节中完成的销售机会管理页面中启用 GridView 的分页功能，对销售机会信息进行分页显示。打开 SaleChanceManager.aspx 设计页面，在 GridView 的属性页面中将 AllowPaging 属性设为 "true"，PageSize 属性设为 "8"，并在事件窗口添加 PageIndexChanging 事件。添加完成后切换到 SaleChanceManager.aspx.cs 代码文件，编写事件处理程序如下：

```
protected void grdSaleChances_PageIndexChanging(object sender,
GridViewPageEventArgs e)
{
    grdSaleChances.PageIndex = e.NewPageIndex;
    LoadSaleChances();
}
```

进行分页设置后的销售机会管理页面运行结果如图 7-10 所示。

图 7-10 销售机会管理页面的分页显示

小　　结

本章讲解的 GridView 控件是最常用的数据绑定控件之一，它不仅能以多表的形式显示编辑数据，还能对数据进行分页显示并提供其他的事件处理功能。ASP.NET 为数据库绑定控件提供了模板，可以实现更为灵活的数据绑定的应用。

作　　业

总结 GridView 控件的功能和数据绑定方式。

实训 7——完善销售机会管理模块的相关信息

实训目标

完成本实训后，能够：

① 以表格的形式显示销售机会信息。
② 完成销售机会数据的修改及删除功能。
③ 能分页显示数据。
④ 按照同样的方式完善员工信息管理页面。

实训场景

东升客户关系管理系统需要完成对原有销售机会数据的分页显示及编辑修改功能，实现使用 GridView 控件从数据库读取销售机会数据，用户使用 GridView 控件的操作列进行修改和删除。在更改相应数据后，对应的数据需要被更新到数据库原有销售机会对应的记录中。同时对员工信息管理页面进行完善。

实训步骤

1. 用 GridView 控件显示销售机会数据

引用母版页添加读取销售机会数据的内容页，在页面中添加 GridView 控件，采用分层设计思想，实现业务逻辑代码及数据访问代码，实现显示数据的功能。

2. 用 GridView 控件编辑、删除数据

使用模板列实现销售机会数据的编辑、删除功能。

3. 实现分页显示

通过 GridView 的分页功能和代码实现数据的分页显示。

4. 完善员工信息管理页面

使用 GridView 显示员工信息并添加操作列。

第8章 用户控件的使用——实现代码复用

8.1 创建用户控件实现代码复用

在开发一个Web项目时，经常会碰到在不同页面中重复使用某一类控件组合的情况。如果每次碰到这种情况都重写一遍代码的话，会大大降低项目开发效率，也不利于代码重用。

用户控件的基本功能就是把网页中经常用到的且使用频率较高的程序封装到一个模块中，以便在其他页面中使用，以此提高代码重用性和程序开发的效率。用户控件使开发人员能够根据应用程序的需求，方便地定义和编写控件。开发所使用的编程技术将与编写Web窗体的技术相同，只要开发人员对控件进行修改，就可以将使用该控件的页面中的所有控件都进行更改。

用户控件是一种自定义的组合控件，通常由系统提供的可视化控件组合而成。在用户控件中不仅可以定义显示界面，还可以编写事件处理代码。当多个网页中包括有部分相同的用户界面时可以将这些相同部分提取出来，做成用户控件。用户控件与完整的ASP.NET页面非常相似，同时具有自己的用户页面和代码。开发人员可以采取与创建ASP.NET页面相似的方式创建用户控件，然后向其中添加所需的标记和子控件。

本章将通过案例展示的方式讲解ASP.NET应用程序中用户控件的创建和使用，完成本章学习，将能够：
- 了解用户控件。
- 掌握创建用户控件的方法。
- 掌握使用用户控件的方法。

8.2 创建用户控件

使用用户控件不仅可以减少编写代码的重复劳动，还可以使得多个网页的显示风格一致。如果需要改变引用用户控件的这些网页，只需要修改用户控件本身，经过编译后，所有网页中的用户控件都会自动跟着变化。

用户控件与网页非常相似，但是用户控件文件的扩展名为.ascx，而不是.aspx。在用户控件中也不能包含<html>、<body>和<form>等定义整体页面属性的HTML标签。用户控件可以单独编译，但不能单独使用，只有将用户控件嵌入.aspx文件中时，才能随ASP.NET网页一起运行。

创建用户控件一般需要以下四个步骤：

① 在项目中新建一个扩展名为.ascx的文件：打开"解决方案资源管理器"，右击项目名称，在弹出的快捷菜单中选择"添加新项"命令，弹出"添加新项"对话框。在该对话框中，选择"Web用户控件"选项，并为其命名，然后单击"添加"按钮即可将用户控件添加到项目中。

② 添加用户控件所需的控件：打开已创建的用户控件，在.ascx文件中可以直接在页面中添加各种服务器控件及静态文本、图片等。

③ 添加用户控件代码：在用户控件对应的后台代码文件中，程序开发人员可以直接在文件中编写程序控制逻辑，包括定义各种成员变量、方法及事件处理程序等。

④ 如果希望在用户控件和宿主页之间共享信息，需要在控件中创建相应的属性。

用户控件创建后，必须添加到其他 Web 页面中才能显示出来，不能直接作为一个网页来显示，也不能被设置为"起始页"。

创建好用户控件后，可以将其添加到一个或多个网页中。在同一个网页中也可以重复使用多次，各个用户控件会以不同的 ID 来标识。

用户控件可以通过两种方式添加到 ASP.NET 页面中：

① 使用"Web 窗体设计器"，可以在"设计"视图下将用户控件以拖动的方式直接添加到网页上，其操作与将内置控件从工具箱中拖动到网页上一样。

② 使用 ASP.NET 页面指令也可以将用户控件添加到页面中，首先引用用户控件，代码如下：

```
<%@ Register src="用户控件位置" tagname="用户控件名" tagprefix="前缀名" %>
```

然后在页面中放置用户控件，代码如下：

```
<前缀名:用户控件名 ID="..." runat="server" .../>
```

在编写用户控件时，有时会发现 Web 页面的结构和用户控件的结构基本相同。如果已经开发了 Web 页面，并在今后的需求中决定能够在应用程序全局中访问此 Web 页面，那么就可以将 Web 页面改成用户控件。如果需要将 Web 页面更改为用户控件，首先需要对比 Web 页面和用户控件的区别：Web 页面中有<body><html><head>等标记，而用户控件没有；Web 页面和用户控件所用的声明方法不同。

在了解以上区别后，就可以很容易将 Web 窗体转换成用户控件。首先，只需要删除<body><html><head>等标记即可。在删除标记后，还需要对声明方式进行更改，对于 Web 页面，其标记方式代码如下：

```
<%@ Page Language="C#" AutoEventWireup="true" CodeBehind="Default.aspx.cs" Inherits="Default" %>
```

而对于用户控件，声明代码如下：

```
<%@ Control Language="C#" AutoEventWireup="true" CodeBehind="mycontrol.ascx.cs" Inherits="mycontrol" %>
```

在将 Web 页面更改为用户控件时，只需要将 Page Language 更改为 Control Language 即可。这样就完成了 Web 窗体向用户控件的转换过程。有的时候，标记中还包括 ClassName 属性，当包含 ClassName 属性时，还需要修改相应的 ClassName 属性。

下面来看一个用户控件的案例。一般应用程序中都会有用户登录的页面，通常都会需要输入用户名和密码以验证身份，现在可以将输入用户登录信息的部分提取出来做成用户控件。

① 新建一个名为 UserControlDemo 的 ASP.NET 空网站，在该网站下新建一个名为 UserControls 的目录用来存放创建的用户控件，接下来就可以在目录下添加一个新建的用户控件 LoginControl.ascx，按图 8-1 所示设计登录用户控件。

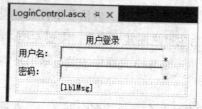

图 8-1　设计登录用户控件

其中，使用了两个文本框控件用于输入信息，一个文本标签控件用于显示错误信息，并对输入框的信息添加了验证。

② 在页面中使用登录用户控件。在网站中添加一个新的 Web 窗体 Login.aspx 作为登录页面，在"解决方案资源管理器"窗口选中用户控件 LoginControl.ascx 直接拖放到 Login.aspx 登录页面的设计窗口，或者在 Login.aspx 登录页面的源代码文件的@ Page 指令行下面添加如下注册控件的指令：

```
<%@ Register src="UserControls/LoginControl.ascx" tagname="LoginControl" tagprefix="uc1" %>
```

这样就可以将用户控件添加到登录页面了。然后添加一个"登录"按钮，登录页面就设计完成了，如图 8-2 所示。

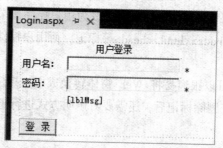

图 8-2　在登录页面添加用户控件

8.3　与用户控件交互

用户控件和普通服务器控件一样可以设置相关属性和方法。在设计用户控件时需要考虑到用户控件的用途，为用户控件公开一些能够使用的属性和方法，进而方便用户控件的设计和编码。

1. 访问用户控件中的服务器控件

程序开发人员可以在用户控件中添加各种控件，如 Image 控件和 Button 控件等，但当用户控件创建完成，将其添加到网页中后，在网页的后台代码中，不能直接访问用户控件中的服务器控件的属性。为了实现对用户控件中的服务器控件的访问，必须在用户控件中定义公有属性，并且利用属性的 get 访问器与 set 访问器来读取和设置控件的属性。

2. 创建用户控件的属性

ASP.NET 提供的各种服务器控件都有其自身的属性和方法，程序开发人员可以灵活地使用服务器空间中的属性和方法开发程序。

在用户控件中，属性是一种有效地向控件使用者公开数据的方式，从控件使用者的角度看，属性是一个公共字段，通过实现一个属性，可以将使用者和实现细节相互隔离，同时还可以在属性被访问时提供数据有效性检查与跟踪处理。

创建用户控件的属性并没有什么特殊之处，其方法和创建普通类的属性一样。

在第 8.2 节中创建的用户控件 LoginControl.ascx 中，需要提供给控件使用者登录用户名、密码及错误提示信息的访问，可以通过给用户控件创建属性来实现。打开用户控件后台代码文件 LoginControl.ascx.cs，添加属性定义代码如下：

```
//登录用户名
public string strName
{
    set { txtName.Text = value; }
    get { return txtName.Text; }
}
//密码
public string strPwd
{
    set { txtPwd.Text = value; }
    get { return txtPwd.Text; }
}
//错误提示信息
public string strMsg
{
    set { lblMsg.Text = value; }
    get { return lblMsg.Text; }
}
```

3. 使用用户控件的属性

定义完成用户控件的属性后，就可以在引用该用户控件的页面中使用这些属性了。当开发人员将用户控件拖放到页面上，就可以在属性窗口看到为用户控件创建的属性了，与普通的服务器控件属性类似。

在第 8.2 节中的 Web 网站中打开 Web 页面 Login.aspx，在该页面中选中已经添加到页面的用户控件 LoginControl.ascx，可以在属性窗口看到上面添加的三个属性 strName、strPwd、strMsg，如图 8-3 所示。

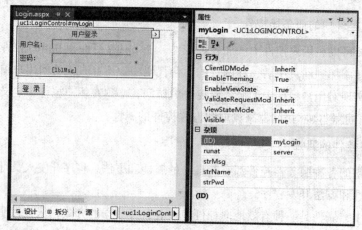

图 8-3　查看用户控件的属性

接下来就可以通过这些属性来验证用户输入的登录信息。假设登录用户名为"admin",密码为"123456",同时给 Web 网站添加一个新的页面 Default.aspx,作为登录成功后跳转的主页。

选中登录页面 Login.aspx 上的"登录"按钮,在事件窗口为其添加 Click 事件处理方法 btnLogin_Click,打开后台代码文件 Login.aspx.cs,完成该程序代码如下:

```
protected void btnLogin_Click(object sender, EventArgs e)
{
    if(myLogin.strName == "admin" && myLogin.strPwd == "123456")
    {
        Response.Redirect("Default.aspx?userName=" + myLogin.strName);
    }
    else
        myLogin.strMsg = "输入有误! ";
}
```

最后进入主页 Default.aspx 的设计页面,添加一个 ID 为 lblHello 的文本标签用于显示登录成功后的欢迎信息,打开后台代码文件 Default.aspx.cs,在 Page_Load 事件处理方法中添加代码如下:

```
protected void Page_Load(object sender, EventArgs e)
{
    string userName = Request.QueryString["userName"];
    lblHello.Text = "欢迎" + userName + "来到我的主页! ";
}
```

编译完成后设置 Login.aspx 为启动页,运行网站后出现图 8-4 所示的登录页面,输入正确的用户名和密码,单击"登录"按钮。

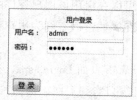

图 8-4　用户登录页面

登录成功后转到主页 Default.aspx，出现欢迎信息，如图 8-5 所示。

图 8-5　主页欢迎信息

8.4　自定义控件

用户控件能够执行很多操作，并实现一些功能，但是在复杂的环境下，用户控件并不能够达到开发人员的要求，是因为用户控件大部分都是使用现有的控件进行组装，编写事件来达到目的。于是，ASP.NET 允许开发人员编写自定义控件实现复杂的功能。

1. 创建自定义控件

自定义控件与用户控件不同，自定义控件需要定义一个直接或间接从 Control 类派生的类，并重写 Render 方法。在 .NET 框架中，System.Web.UI.Control 与 System.Web.UI.WebControls.WebControl 两个类是服务器控件的基类，并且定义了所有服务器控件共有的属性、方法和事件，其中最为重要的就是包括了控制控件执行生命周期的方法和事件，以及 ID 等共有属性。

实现自定义控件，必须创建一个"类库"类型的项目，该项目将会编译成 DLL 文件。下面创建一个名为"ServerControlTest"的类库项目，在该项目下添加一个类 ServerControl1 用来定义自定义控件，可以在类定义中编写和添加属性。当需要呈现给 HTML 页面输出时，只需要重写 Render 方法即可，代码如下：

```
using System;
using System.Collections.Generic;
using System.ComponentModel;
using System.Linq;
using System.Text;
using System.Web;
using System.Web.UI;
using System.Web.UI.WebControls;                        //使用 UI 命名空间以便继承
namespace ServerControlTest
{
    [DefaultProperty("Text")]                           //声明属性
    //设置控件格式
    [ToolboxData("<{0}:ServerControl1 runat=server></{0}:ServerControl1>")]
    public class ServerControl1 : WebControl
    {
        [Bindable(true)]                                //设置是否支持绑定
        [Category("Appearance")]                        //设置类别
        [DefaultValue("")]                              //设置默认值
        [Localizable(true)]                             //设置是否支持本地化操作
```

```csharp
        public string Text                                  //定义Text属性
        {
            get                                             //获取属性
            {
                String s = (String)ViewState["Text"];       //获取属性的值
                return ((s == null) ? "[" + this.ID + "]" : s);
                                                            //返回默认的属性的值
            }
            set                                             //设置属性
            {
                ViewState["Text"] = value;
            }
        }
        protected override void RenderContents(HtmlTextWriter output)
                                                            //页面呈现
        {
            output.Write("自定义控件<b>" + Text + "</b>");
        }
    }
}
```

当自定义控件编写完毕后,需要在使用该控件的项目中添加引用。如果该项目与自定义控件的类库项目是同在一个解决方案下,可以右击该项目,在弹出的快捷菜单中选择"添加引用"命令,只要选择"项目"选项卡中的类库 ServerControlTest 即可;而如果不在同一解决方案,则需要选择"浏览"选项卡通过浏览选择相应的 DLL 文件。

可以在上述定义的类库所在解决方案下添加一个 Web 网站 CustomControlDemo,在该网站中添加对自定义控件所在类库 ServerControlTest.dll 的引用,完成引用的添加后,就可以在该网站的页面中使用此自定义控件。若需要在页面中使用自定义控件,同用户控件一样需要在头部注册引入自定义控件所在类库,示例代码如下:

```
<%@ Register assembly="ServerControlTest" namespace="ServerControlTest" tagprefix="sc" %>
```

上述代码向页面注册了自定义控件,自定义注册完毕后,就能够在页面中使用该控件。同时,在工具栏中也会呈现自定义控件。自定义控件呈现在工具箱之后,就可以直接拖动自定义控件到页面,并且配置相应的属性,用户能够在自定义控件中编写属性,这些属性可以是共有属性也可以是用户自定义的属性,用户可以拖动自定义控件使用于自己的应用程序中并通过属性进行自定义控件的配置。用户拖动自定义页面到控件后,页面会生成相应的自定义控件的 HTML 代码,示例代码如下:

```html
<form id="form1" runat="server">
    <div>
        <sc:ServerControl1 ID="ServerControl11" runat="server" Text="Sample" />
    </div>
```

`</form>`

上述代码在页面中使用了自定义控件。在 ASP.NET 服务器控件中，很多的控件都是通过自定义控件来实现的，用户能够开发相应的自定义控件并在不同的应用中使用而无须重复开发。

2. 在销售机会管理页面使用自定义分页控件

分页是 Web 应用程序中最常用到的功能之一，在 ASP.NET 中，虽然 GridView 控件自带可以分页的功能，但其分页功能并不尽如人意，如可定制性差、无法通过 Url 实现分页功能等，而且有时候用户需要对 DataList 和 Repeater 甚至自定义数据绑定控件进行分页，手工编写分页代码不但技术难度大、任务烦琐而且代码重用率极低，因此分页已成为许多 ASP.NET 程序员最头疼的问题之一。

AspNetPager 针对 ASP.NET 分页控件的不足，提出了与众不同的解决方案，即将分页导航功能与数据显示功能完全独立开来，由用户自己控制数据的获取及显示方式，因此可以被灵活地应用于任何需要实现分页导航功能的地方，如为 GridView、DataList 及 Repeater 等数据绑定控件实现分页、呈现自定义的分页数据及制作图片浏览程序等，因为 AspNetPager 控件和数据是独立的，因此要分页的数据可以来自任何数据源，如 SQL Server、Oracle、Access、mysql、DB2 等数据库，以及 XML 文件、内存数据或缓存中的数据、文件系统等。

AspNetPager 分页控件是应用于 ASP.NET WebForm 网站或应用程序中的自定义分页控件，支持默认的回发（Postback）分页和 Url 分页，将分页导航功能与数据显示功能完全独立开来，可以被灵活地应用于任何需要实现分页导航功能的地方。

下面来看看如何在销售机会管理页面使用 AspNetPager 分页控件。首先是在网上下载一个 AspNetPager.dll 文件，将其拷贝到 CRM 项目的 bin 文件夹下，然后在 CRM 项目下添加对 AspNetPager.dll 的引用，如图 8-6 所示。

图 8-6　引用 AspNetPager

引用完成后就可以在页面使用该分页控件了。打开 SaleManage 目录下的销售机会管理页面 SaleChanceManager.aspx，在页面源代码的@Page 页面指令下面添加一行@Register 的注册分页控件指令，代码如下：

```
<%@ Register Assembly="AspNetPager" Namespace="Wuqi.Webdiyer" TagPrefix="webdiyer" %>
```

AspNetPager 分页控件注册后就可以在页面使用了，将该分页控件放在 GridView 控件下面取代原先 GridView 控件自带的分页功能。先将 GridView 控件的 AllowPaging 属性改为 false，再在 GridView 控件的源代码下面添加如下代码：

```
<asp:GridView…
    …
```

```
</asp:GridView>
<webdiyer:AspNetPager ID="pager" runat="server" CssClass="zi"
    FirstPageText="首页" LastPageText="尾页" NextPageText="下一页"
    OnPageChanged="pager_PageChanged" PageIndexBoxType="DropDownList"
    PrevPageText=" 上 一 页 " ShowCustomInfoSection="Left" ShowPageIndexBox=
"Always">
</webdiyer:AspNetPager>
```

切换到设计界面就可以看到已经添加到页面的分页控件了,同时给该页面添加条件查询功能,最终设计页面如图 8-7 所示。

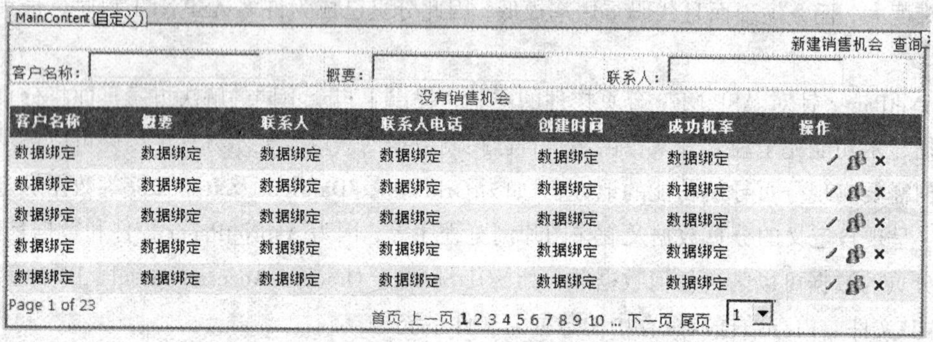

图 8-7 使用 AspNetPager 分页控件

接下来需要实现分页功能。要实现分页查询可以先在数据库中编写 SQL 语句并保存为存储过程 SaleChance_GetPaged,然后 DAL 层的 SaleChanceRepository.cs 类文件中添加分页查询方法 GetPaged,代码如下:

```
//分页显示未指派人员和已指派人员的销售机会
public DataTable GetPaged(int pageIndex, int pageSize, string orderBy,
    string whereClause, out int totalRowCount)
{
    SqlConnection con = new
SqlConnection(ConfigurationManager.ConnectionStrings["CRMConnection"].
ConnectionString);
    SqlDataAdapter da = new SqlDataAdapter();
    SqlCommand selectCommand = new SqlCommand();
    selectCommand.CommandText = "SaleChance_GetPaged";
    selectCommand.Connection = con;
    selectCommand.CommandType = CommandType.StoredProcedure;
    SqlParameter prmPageIndex = new SqlParameter("@PageIndex", pageIndex);
    selectCommand.Parameters.Add(prmPageIndex);

    SqlParameter prmPageSize = new SqlParameter("@PageSize", pageSize);
    selectCommand.Parameters.Add(prmPageSize);
    SqlParameter prmOrderBy = new SqlParameter("@OrderBy", orderBy.Trim());
    selectCommand.Parameters.Add(prmOrderBy);
    SqlParameter prmWhereClause =
      new SqlParameter("@WhereClause", whereClause.Trim());
```

```
    selectCommand.Parameters.Add(prmWhereClause);
    da.SelectCommand = selectCommand;
    DataTable dtSaleChances = null;
    totalRowCount = 0;
    DataSet ds = new DataSet();
    try
    {
        con.Open();
        da.Fill(ds);
        dtSaleChances = ds.Tables[0];
        totalRowCount = Convert.ToInt32(ds.Tables[1].Rows[0][0]);
    }
    catch(Exception ex)
    {
        dtSaleChances = null;
        //throw;
    }
    finally
    {
        con.Close();
    }
    return dtSaleChances;
}
```

在 BLL 层的 SaleChanceService.cs 类文件中添加相应的逻辑处理方法 GetPaged，代码如下：

```
public DataTable GetPaged(int pageIndex, int pageSize, string orderBy,
    string whereClause, out int totalRowCount)
{
    if((whereClause == null) || (whereClause.Trim().Length < 1))
    {
        whereClause = "ChanceStatus <> "
            + Convert.ToInt32(SALECHANCESTATUSVALUE.SUSPENDED).ToString()
            + " AND ChanceStatus <> "
            + Convert.ToInt32(SALECHANCESTATUSVALUE.SUCCEEDED).ToString();
    }
    else
    {
        whereClause += " AND ChanceStatus <> "
            + Convert.ToInt32(SALECHANCESTATUSVALUE.SUSPENDED).ToString()
            + " AND ChanceStatus <> "
            + Convert.ToInt32(SALECHANCESTATUSVALUE.SUCCEEDED).ToString();
    }
    return new SaleChanceRepository().GetPaged(pageIndex, pageSize, orderBy,
whereClause, out totalRowCount);
}
```

DAL 层和 BLL 层的功能编写完成后回到 CRM 项目 SaleManage 目录下，打开销售机会管理页面的后台代码文件 SaleChanceManager.aspx.cs，修改 LoadSaleChances 方法的代码，将原先的代码替换为分页查询销售机会记录并绑定显示信息，同时添加一个生成条件查询语句的方法 BuildWhereString，实现代码如下：

```csharp
protected void LoadSaleChances()
{
    /*以下代码为分页显示准备的*/
    int pageIndex = pager.CurrentPageIndex - 1;
    int pageSize = 6;
    int totalRowCount = 0;
    string where = BuildWhereString();
    DataTable dtSaleChances = new SaleChanceService().GetPaged(pageIndex,
        pageSize, "", where, out totalRowCount);
    grdSaleChances.DataSource = dtSaleChances;
    grdSaleChances.DataBind();
    pager.PageSize = pageSize;
    pager.RecordCount = totalRowCount;
    if(totalRowCount < 1)
    {
        grdSaleChances.Visible = false;
        pager.Visible = false;
        lblQueryEmpty.Visible = true;
    }
    else
    {
        grdSaleChances.Visible = true;
        pager.Visible = true;
        lblQueryEmpty.Visible = false;
    }
}

/// <summary>
/// 生成条件查询语句
/// </summary>
/// <returns></returns>
protected string BuildWhereString()
{
    string where = "";
    if(txtClientName.Text.Trim().Length > 0)
    {
        where = "ChanceCustomerName LIKE '%" + txtClientName.Text.Trim() + "%' ";
    }
    if(txtTitle.Text.Trim().Length > 0)
```

```
            {
                if(where.Trim().Length > 0)
                {
                    where += "and ChanceTitle LIKE '%" + txtTitle.Text.Trim() + "%' ";
                }
                else
                {
                    where = " ChanceTitle LIKE '%" + txtTitle.Text.Trim() + "%' ";
                }
            }
            if(txtLinkMan.Text.Trim().Length > 0)
            {
                if(where.Trim().Length > 0)
                {
                    where += "and ChanceLinkMan LIKE '%" + txtLinkMan.Text.Trim() + "%' ";
                }
                else
                {
                    where = " ChanceLinkMan LIKE '%" + txtLinkMan.Text.Trim() + "%' ";
                }
            }
            return where;
        }
```

由于分页功能现在由 AspNetPager 分页控件实现，所以将之前 GridView 控件的分页处理事件 PageIndexChanging 删除，给 AspNetPager 分页控件添加 PageChanged 事件以实现分页功能，事件处理代码如下：

```
protected void pager_PageChanged(object sender, EventArgs e)
{
    LoadSaleChances();
}
```

最后实现"查询"按钮的功能，代码如下：

```
protected void lnkQuery_Click(object sender, EventArgs e)
{
    //每次查询都从最前一页开始显示
    pager.CurrentPageIndex = 1;
    //加载销售机会
    LoadSaleChances();
}
```

重新运行销售机会管理页面，分页查询的结果如图 8-8 所示。

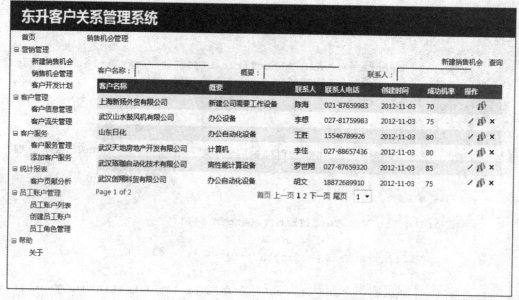

图 8-8　实现分页查询

小　　结

本章讲解了创建和使用用户控件的主要步骤，通过案例完成了代码实现的主要要点。用户控件可以将项目中使用频率很高的页面功能组合在一个控件中实现，以提高开发效率和代码复用度。

作　　业

列出让用户控件宿主页触发用户控件中包含的服务器控件的事件的主要步骤。

实训 8——使用分页控件实现销售机会管理

实训目标

完成本实训后，能够：
① 创建用户控件。
② 使用用户控件。

实训场景

东升客户关系管理系统需要完善对销售机会数据的查询及分页显示的功能，实现对"客户名称""概要""联系人"几个关键字的组合查询，并能使用 AspNetPager 分页控件对查询结果进行分页显示。

实训步骤

1. 使用用户控件

设计分页查询页面，将 AspNetPager 分页控件引入到销售机会管理页面，并添加关键字查询的输入文本框及查询按钮。

2. 编写分页查询方法

在 DAL 层和 BLL 层分别编写实现分页查询的方法 GetPaged。

3. 实现销售机会数据的查询及分页显示

对销售机会数据进行关键字查询，并将查询结果进行分页显示。

第 9 章　Web 认证和授权的使用——实现用户信息管理

9.1　采用 Web 认证和授权机制验证客户关系管理系统用户身份

一般应用程序都必须进行用户的身份认证及权限控制。对于基于.NET 的 ASP.NET Web 应用程序及 Web 网站，可以使用网站管理工具设置和编辑用户、角色对站点的访问权限，同时可以通过登录类型的控件执行身份验证及权限控制的各类任务而无须复杂代码。本章通过 ASP.NET 成员资格和角色来管理 Web 应用程序的安全性。

对于 ASP.NET 的身份验证与权限控制，包括两个方面的内容：身份验证、权限控制。

身份验证主要完成用户身份的识别，确定访问实体的标识的行为称为身份验证。在身份验证过程中，用户必须提供凭据（如名称和密码等）。

9.2　Web 应用的认证

传统的 Windows 应用程序依赖 Windows Integrated Authentication 完成身份验证，而 Web 则使用 Forms 身份验证。

Forms 身份验证可以获取未验证的请求，自动应用 HTTP 客户端重定向功能，把请求重定向到指定的 Web 窗体。用户提供登录信息，然后提交窗体。应用程序验证了请求后，用户会接收到一个 HTTP Cookie，用于标识后续请求的身份。这种验证在许多方面都表现很好，但需要开发人员完成所有的开发工作。

自从 ASP.NET 2.0 以来，引入了 Membership Framework 作为新的身份验证和授权管理服务，在处理登录、身份验证、授权和管理需要访问的 Web 页面或应用程序的用户方面，大大减少了开发人员的工作量。

9.3　Web 应用的授权

授权是确定通过身份验证的用户是否可以访问应用程序的所有部分、特定部分或资源的过程。ASP.NET 中授权与身份验证相互配合，通过角色管理服务来实现授权。ASP.NET 程序中的用户身份验证与授权实质上是目前较为流行的 Role Base Access Control（基于角色的权限控制，简称 RBAC）。

对于部分程序需要按用户账号直接进行权限管理的要求，则需要开发人员自行完成。

9.4 使用 Membership 实现 Web 应用的认证

Membership Framework 为了方便开发人员实现身份验证功能，不但提供了新的 API 套件，而且还提供了一套新的服务器控件，这些服务器控件可以很方便地通过身份验证过程来处理终端用户。

要使用 Membership Framework 完成用户身份验证功能，必须完成以下工作：

① 创建存储用户身份信息的数据库；
② 配置 Membership Framework 及数据库连接信息；
③ 添加相应控件到页面；
④ Membership 类管理用户账号。

1. 创建存储用户身份信息的数据库

目前，Membership Framework 虽然也支持 SQL Server 以外的多种数据库，但仍以 SQL Server 主为流，用户身份信息数据库建立在 SQL Server 数据库中，可以通过向导自动完成所需资源的建立。

单击 Windows 操作系统的"开始"按钮，选择"所有程序"→"Microsoft Visual Studio 201X"→"Visual Studio Tools"命令，单击 Visual Studio 命令提示后，打开命令提示窗口，在窗口中输入命令：aspnet_regsql，按【Enter】键，启动 ASP.NET SQL Server 安装向导，如图 9-1 所示。

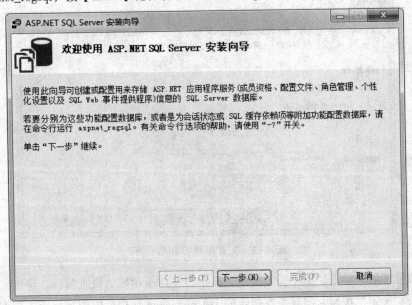

图 9-1 ASP.NET SQL Server 安装向导

单击"下一步"按钮后，显示图 9-2 所示的窗口，对于需要创建用户账号数据库而言，必须选择"为应用程序服务配置 SQL Server"单选按钮。

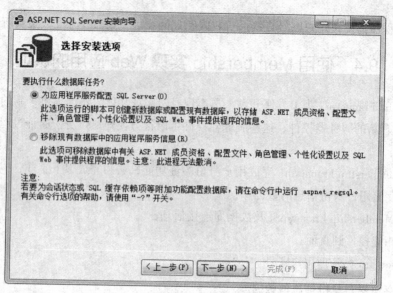

图 9-2 创建用户账号数据库向导

再单击"下一步"按钮，显示图 9-3 所示服务器和数据库配置向导，根据实际情况配置相应信息。如果选择"数据库"为"默认"，则向导最终将在指定的数据库服务器中创建名为"aspnetdb"的数据库，本案例将使用已创建好的数据库"DsCrmSecond"。

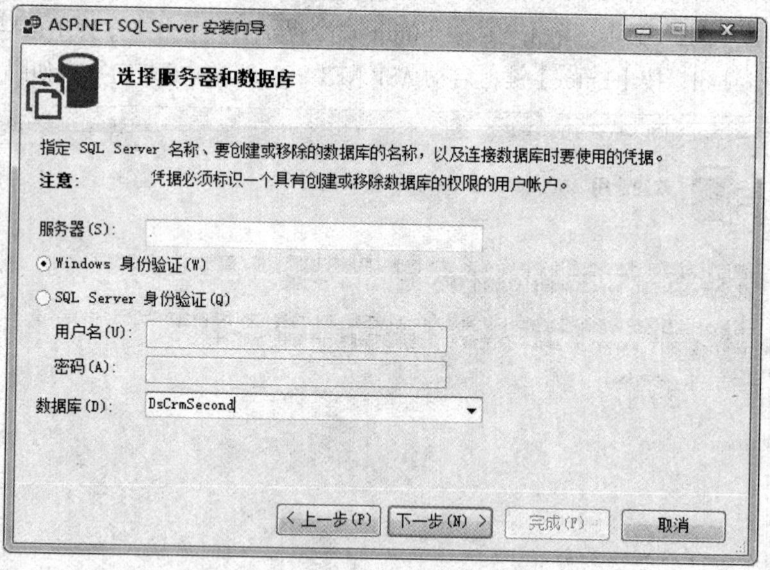

图 9-3 配置服务器和数据库

选择此数据库后，单击"下一步"按钮，显示图 9-4 所示确认设置窗口，单击"下一步"按钮，然后单击"确定"按钮，向导将在指定的 DsCrmSecond 数据库中创建相应的数据库资源。

打开 Microsoft SQL Server Management Studio，查看 DsCrmSecond 数据库，可以看到已添加多个以"aspnet_"开头的库表、以"vw_aspnet_"开头的视图及以"aspnet_"开头的存储过程，这些资源都是为实现身份验证服务提供支持的。

第 9 章　Web 认证和授权的使用——实现用户信息管理

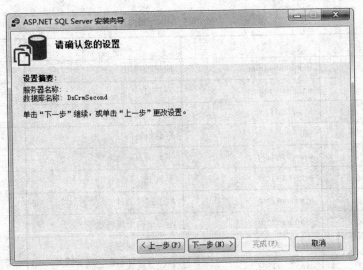

图 9-4　确认设置

主要库表说明参见表 9-1～表 9-6 所示。

表 9-1　主要库表及其作用

名　　称	作　　用
aspnet_Applications	保存应用程序信息
aspnet_Users	用户账号信息
aspnet_Membership	成员信息
aspnet_Roles	角色信息

表 9-2　aspnet_Applications 表

字 段 名	类　　型	说　　明	备　注
ApplicationName	nvarchar(256)	应用程序名	
LoweredApplicationName	nvarchar(256)	小写的应用程序名	
ApplicationId	uniqueidentifier	应用程序的 ID, GUID 值	主键
Description	nvarchar(256)	应用程序的描述	

表 9-3　aspnet_Users 表

字 段 名	类　　型	说　　明	备　注
ApplicationId	uniqueidentifier	应用程序 ID	外键
UserId	uniqueidentifier	用户 ID	主键
UserName	nvarchar(256)	用户名	
LoweredUserName	nvarchar(256)	小写的用户名	
MobileAlias	nvarchar(16)	移动电话的 PIN 码（未使用）	
IsAnonymous	bit	是否为匿名用户	
LastActivityDate	datetime	最后活动日期	

表 9-4 aspnet_Membership 表

字 段 名	类 型	说 明	备 注
ApplicationId	uniqueidentifier	应用程序 ID	外键
UserId	uniqueidentifier	用户 ID	主键、外键
Password	nvarchar(128)	密码	
PasswordFormat	int	存储密码的格式	
PasswordSalt	nvarchar(128)	密码的 Hash 值	
MobilePIN	nvarchar(16)	手机 PIN 码	
Email	nvarchar(256)	电子邮件地址	
LoweredEmail	nvarchar(256)	小写的电子邮件地址	
PasswordQuestion	nvarchar(256)	遗忘密码问题	
PasswordAnswer	nvarchar(128)	遗忘密码答案	
IsApproved	bit		
IsLockedOut	bit	是否锁住	
CreateDate	datetime	创建时间	
LastLoginDate	datetime	最后登录时间	
LastPasswordChangedDate	datetime	最后密码更改时间	
LastLockoutDate	datetime	最后一次锁账号的时间	
FailedPasswordAttemptCount	int	密码失败尝试次数	
FailedPasswordAttemptWindowStart	datetime	密码失败尝试窗口打开时间	
FailedPasswordAnswerAttemptCount	int	遗忘密码问题尝试次数	
FailedPasswordAnswerAttemptWindowStart	datetime	遗忘密码问题输入窗口打开时间	
Comment	ntext	备注	

表 9-5 aspnet_Roles 表

字 段 名	类 型	说 明	备 注
ApplicationId	uniqueidentifier	应用程序 ID	外键
RoleId	uniqueidentifier	角色 ID	主键
RoleName	nvarchar(256)	角色名称	
LoweredRoleName	nvarchar(256)	小写的角色名称	
Description	nvarchar(256)	描述	

第 9 章　Web 认证和授权的使用——实现用户信息管理

表 9-6　aspnet_UsersInRoles 表

字　段　名	类　型	说　明	备　注
UserID	uniqueidentifier	用户 ID	外键、主键
RoleID	uniqueidentifier	角色 ID	外键、主键

2. 配置 Membership Framework 及数据库连接信息

Membership Framework 要正常运行，必须能连接到存储用户账号信息的数据库，并指定一些配套信息。

打开 web.config 文件，在 system.web 节点下添加新的节点 Membership 节点，节点内容如下：

```
<membership>
  <providers>
    <clear/>
    <add name="AspNetSqlMembershipProvider"
         type="System.Web.Security.SqlMembershipProvider"
         connectionStringName="ApplicationServices"
         enablePasswordRetrieval="false"
         enablePasswordReset="true"
         requiresQuestionAndAnswer="false"
         requiresUniqueEmail="false"
         maxInvalidPasswordAttempts="5"
         minRequiredPasswordLength="3"
         minRequiredNonalphanumericCharacters="0"
         passwordAttemptWindow="10"
         applicationName="/" />
  </providers>
</membership>
```

主要属性说明参见表 9-7 所示。

表 9-7　Membership 属性说明

名　称	说　明
ApplicationName	应用程序的名称
EnablePasswordReset	指示当前成员资格提供程序是否配置为允许用户重置其密码
EnablePasswordRetrieval	指示当前成员资格提供程序是否配置为允许用户检索其密码
connectionStringName	数据库连接字符串
type	Membership 类型
requiresQuestionAndAnswer	该值指示成员资格提供程序是否配置为要求用户在进行密码重置和检索时回答密码提示问题
requiresUniqueEmail	指示成员资格提供程序是否配置为要求每个用户名具有唯一的电子邮件地址
maxInvalidPasswordAttempts	锁定成员资格用户之前允许的无效密码或无效密码提示问题答案尝试次数

续表

名 称	说 明
MinRequiredPasswordLength	密码的最小长度
minRequiredNonalphanumericCharacters	密码中必须包含的最少特殊字符数
passwordAttemptWindow	时间长度，在该时间间隔内对提供有效密码或密码答案的连续失败尝试次数进行跟踪

其中，MaxInvalidPasswordAttempts 属性与 PasswordAttemptWindow 属性一起使用以防止有害来源反复尝试来猜测成员资格用户的密码或密码提示问题答案。如果在 PasswordAttemptWindow 指定的分钟数内为成员资格用户提供的无效密码或密码问题的数目大于或等于 MaxInvalidPasswordAttempts 属性值，则通过将 IsLockedOut 属性设置为 true 来锁定该成员资格用户，直到通过调用 UnlockUser 方法取消锁定该用户。如果在达到 MaxInvalidPasswordAttempts 值之前输入了有效密码或密码提示问题答案，则跟踪无效尝试次数的计数器将被重置为零。

无效密码和无效密码提示问题答案的尝试次数分别独立累计。例如，如果 MaxInvalidPasswordAttempts 属性设置为 5，并且已进行了三次无效的密码尝试，随后进行了两次无效的密码提示问题答案尝试，则在 PasswordAttemptWindow 之内须再进行两次无效的密码尝试（或者三次无效的密码提示问题答案尝试）才会锁定该成员资格用户。

如果将 RequiresQuestionAndAnswer 属性设置为 false，则不跟踪无效的密码答案尝试次数。

尝试输入无效密码和密码提示问题答案的次数通过下面的方法进行跟踪：ValidateUser、ChangePassword、ChangePasswordQuestionAndAnswer、GetPassword 和 ResetPassword 方法。

进一步的属性说明请参阅 MSDN。

其中，特别需要注意的是 ConnectionStringName 属性的值，其初始值指向 ConnectionString 节中的连接字符串可能无法满足实际要求，因为此连接字符串必须指向实际的用户账号所在数据库。

由于东升客户关系管理系统所对应的用户账号数据库是 DsCrmSecond，所以必须修改此连接字符串指向 DsCrmSecond 数据库。在 web.config 文件的 ConnectionStrings 节点下添加一个名为 "ApplicationServices" 的连接字符串，节点内容如下：

```
<connectionStrings>
  <add name="ApplicationServices"
    connectionString="Integrated Security=SSPI;server=.;database=DsCrmSecond"
    providerName="System.Data.SqlClient" />
  <add name="CRMConnection"
    connectionString="Integrated Security=SSPI;server=.;database=DsCrmSecond" />
</connectionStrings>
```

3. 添加相应控件到页面

为了应用 Membership Framework 完成用户身份验证功能，Visual Studio 提供了一套登录控件，放在工具箱中的"登录"选项卡中，包括：Login 控件、ChangePassword 控件、CreateUserWizard 控件、LoginName 控件、LoginStatus 控件、LoginView 控件及 PasswordRecovery 控件。

Login 控件显示用于执行用户身份验证的用户界面。Login 控件包含用于用户名和密码的文本框和一个复选框，该复选框让用户指示是否需要服务器使用 ASP.NET 成员资格存储他们的标识，并且当他们下次访问该站点时自动进行身份验证。Login 控件有用于自定义显示、自定义消息的属性和指向其他页的链接，在那些页面中用户可以更改密码或找回忘记的密码。

LoginName 控件用于显示用户账号名。如果用户已使用 ASP.NET 成员资格登录，LoginName 控件将显示该用户的登录名。或者，如果站点使用集成 Windows 身份验证，该控件将显示用户的 Windows 账户名。

LoginStatus 控件为没有通过身份验证的用户显示登录链接，为通过身份验证的用户显示注销链接。登录链接将用户带到登录页。注销链接将当前用户的身份重置为匿名用户。可以通过设置 LoginText 和 LoginImageUrl 属性自定义 LoginStatus 控件的外观。

使用 LoginView 控件，可以向匿名用户和登录用户显示不同的信息。该控件显示以下两个模板之一：AnonymousTemplate 或 LoggedInTemplate。在这些模板中，可以分别添加为匿名用户和经过身份验证的用户显示适当信息的标记和控件。

LoginView 控件还包括 ViewChanging 和 ViewChanged 的事件，可以为这些事件编写当用户登录和更改状态时的处理程序。

打开 CRM 中的 Site.Master 母版页，页面的右上角可以找到一个 ID 为 HeadLoginView 的控件，此即为 LoginView 控件，当用户未登录时，显示"登录"超链接，登录后则显示 ID 为 HeadLoginName 的 LoginName 控件和 ID 为 HeadLoginStatus 的 LoginStatus 控件。

PasswordRecovery 控件则允许根据创建账户时所使用的电子邮件地址来找回用户密码。PasswordRecovery 控件会向用户发送包含密码的电子邮件。可以配置 ASP.NET 成员资格，以使用不可逆的加密来存储密码。在这种情况下，PasswordRecovery 控件将生成一个新密码，而不是将原始密码发送给用户。如果配置 Membership 已包括一个用户为了找回密码必须回答的安全提示问题，则 PasswordRecovery 控件将在找回密码前提问该问题并核对答案。PasswordRecovery 控件要求应用程序能够将电子邮件转发给简单邮件传输协议（SMTP）服务器。可以通过设置 MailDefinition 属性自定义发送给用户的电子邮件的文本和格式。

本案例不提供 PasswordRecovery 控件的应用，请读者自行完成。

通过 ChangePassword 控件，用户可以更改密码。用户必须首先提供原始密码，然后创建并确认新密码。如果原始密码正确，则用户密码将更改为新密码。该控件还支持发送关于新密码的电子邮件。ChangePassword 控件包含显示给用户的两个模板化视图。第一个模板是 ChangePasswordTemplate，它显示用来收集更改用户密码所需的数据的用户界面。第二个模板是 SuccessTemplate，它定义当用户密码更改成功以后显示的用户界面。ChangePassword 控件由通过身份验证和未通过身份验证的用户使用。如果用户未通过身份验证，该控件将提示用户输入登录名。如果用户已通过身份验证，该控件将使用用户的登录名填充文本框。

打开东升客户关系管理系统 Account 文件夹中的 ChangePassword.aspx 页面，已包括 ID 为 ChangeUserPassword 的 ChangePassword 控件，但已转换为模板，并设置其样式。

CreateUserWizard 控件用于创建系统使用的 Membership Framework 需要的用户账号。

CreateUserWizard 控件收集潜在用户提供的信息。默认情况下，CreateUserWizard 控件将新用户添加到 ASP.NET 成员资格系统中。

CreateUserWizard 控件收集下列用户信息：用户名、密码、密码确认、电子邮件地址、安全提示问题、安全答案，安全提示问题与安全答案信息用来对用户进行身份验证并找回用户密码（如果需要的话），而是否需要使用安全提示问题与安全答案，由 web.config 配置文件中 Membership 节点的 RequiresQuestionAndAnswer 属性值决定。

新创建的 ASP.NET 应用程序或网站，在 Account 文件夹下会自动包括一个用户注册账号的页面 Register.aspx，由于公司办公系统不允许用户自己注册账号，只能由人力资源管理部门人员添加员工的账号，所以此页面在东升客户关系管理系统中没有使用该页面，但在 EmployeeManage 文件夹中创建了添加员工账号的页面 CreateEmployee.aspx，其中使用了 CreateUserWizard 控件。CreateEmployee 页面的实现，请参阅第 9.6 节的"Membership 扩展"内容。

4．Membership 类管理用户账号

为了更方便地实现用户账号的管理，Membership Framework 提供了一套类进行用户身份验证，其中最常用的包括 Membershp 类及 MembershipUser 类。

在 ASP.NET 应用程序中，Membership 类用于验证用户凭据并管理用户设置（如密码和电子邮件地址等）。Membership 类可以独自使用，或者与 FormsAuthentication（此类的应用请读者参考其他资源完成）一起使用以创建一个完整的 Web 应用程序或网站的用户身份验证系统。Login 控件封装了 Membership 类，从而提供一种便捷的用户验证机制。

Membership 类提供的功能可用于：

① 创建新用户。

② 将成员资格信息（用户名、密码、电子邮件地址及支持数据）存储在 SQL Server 或其他类似的数据存储区。

③ 对访问站点的用户进行身份验证。可以以编程方式对用户进行身份验证，也可以使用 Login 控件创建一个只需很少代码或无须代码的完整的身份验证系统。

④ 管理密码，包括创建、更改、检索和重置密码等。可以选择配置 ASP.NET 成员资格以要求一个密码提示问题及其答案来对忘记密码的用户的密码重置和检索请求进行身份验证。

MembershipUser 类用于公开和更新成员资格数据存储区中的成员资格用户信息。MembershipUser 对象用于表示成员资格数据存储区中的单个成员资格用户。该对象公开有关成员资格用户的信息（如电子邮件地址等），并为成员资格用户提供功能（如更改或重置其密码的功能）。MembershipUser 对象可由 Membership 类的 GetUser 和 CreateUser 方法返回，或是作为 GetAllUsers、FindUsersByName 和 FindUsersByEmail 方法返回的 MembershipUserCollection 的一部分返回。

9.5 使用 Role 实现 Web 应用的授权

完成用户身份验证功能，对于系统而言，没有独立的作用。对用户身份进行验证，主要目的就是为了对用户进行权限控件，即授权。

ASP.NET 应用程序中的授权主要是采用 RBAC 技术，为此需要实现角色管理，微软已提供成熟的 Role Framework，利用 ASP.NET 角色管理，能够根据用户组（或称为角色）来管理应用程序的授权。通过向用户分配角色，可以根据角色来控制对 Web 应用程序的不同部分或功能的访问，而无须通过根据用户名指定授权（或除了这样做之外）来控制此类访问。例如，雇员应用程序可能具有"高管""客户经理""系统管理员""销售主管"等角色，并为每种角色指定了不同的访问权限。

要进行角色管理，首先需要在配置文件中进行相应的配置，在 System.web 节点中添加 Role 节点，代码如下：

```
<roleManager enabled="true">
  <providers>
    <clear />
    <add connectionStringName="ApplicationServices" applicationName="/"
      name="AspNetSqlRoleProvider" type="System.Web.Security.SqlRoleProvider" />
    <add applicationName="/" name="AspNetWindowsTokenRoleProvider"
      type="System.Web.Security.WindowsTokenRoleProvider" />
  </providers>
</roleManager>
```

其中的部分配置属性与 Membership 节点相同。

东升客户关系管理系统中目前只设置"高管""客户经理""系统管理员""销售主管"四种角色，在 SQL Server 数据库 DsCrmSecond 的 aspnet_Roles 表中添加这四种角色，如图 9-5 所示。

	ApplicationId	RoleId	RoleName	LoweredRoleName	Description
1	4C4C8FC7-C7B5-411E-A40D-B33DC5329550	3CDA3B0C-73F2-4CFF-9B63-1DFF51939607	高管	高管	NULL
2	4C4C8FC7-C7B5-411E-A40D-B33DC5329550	A9A5F34C-4F84-4980-82AF-08D46EF00462	客户经理	客户经理	NULL
3	4C4C8FC7-C7B5-411E-A40D-B33DC5329550	1D03909C-08F8-4806-B9C3-113D41E73651	系统管理员	系统管理员	NULL
4	4C4C8FC7-C7B5-411E-A40D-B33DC5329550	C9050613-F6B2-49C4-A94F-7592D0AFE599	销售主管	销售主管	NULL

图 9-5　设置用户角色

ASP.NET 中授权的目的是确定是否为标识授予对给定资源访问的请求类型。在 Forms 身份验证基础上，一般只使用 URL 授权，URL 授权由 URLAuthorizationModule 类执行，该类会将用户和角色映射到 URL 名称空间的各个部分中。该模块可以实现肯定和否定的授权断言。也就是说，可以使用该模块选择性地允许或拒绝特定的集合、用户及角色对 URL 名称空间中任意部分的访问。

URLAuthorizationModule 在任何时候都是可用的。仅需将用户或角色列表放在某个配置文件 <allow> 部分的 <allow> 或 <deny> 元素中。要建立访问某一特定目录的条件，必须将含有 <authorization> 部分的配置文件放进该目录中。为该目录所设置的条件也适用于其子目录，除非子目录中的配置文件覆盖了这些条件。该部分的一般语法如下：

```
<[element] [users] [roles] [verbs]/>
```

element 是必需的。必须包含 users 或 roles 属性。也可同时包含两个，但包含两个并不是必需的。verbs 属性是可选的。允许的元素是 <allow> 和 <deny>，分别用于授予和撤销访问权限。每个元素都支持两种属性，其定义如表 9-8 所示。

表 9-8　element 元素说明

属　　性	说　　明
roles	角色名称
users	用户账号名

除了标识名称外，还有两种特殊标识，如表 9-9 所示。

表 9-9　特殊标识说明

属　　性	说　　明
*	引用所有标识
?	引用匿名标识

由于 ASP.NET 的配置文件管辖范围是配置文件所在文件夹及其子文件夹，所以必须在设计系统时，进行必要的权限规划，设计出对应的文件夹结构。

在 ASP.NET 程序的根目录下，各目录默认是允许所有用户和角色访问其所属资源，所以如果需要对文件夹进行权限控制，只允许指定的用户和角色有权访问，或者拒绝指定的用户和角色进行访问。

由于同一配置中可能需要由多个项目组合而得到需要的授权结果，所以授权使用下面的启发式方法来应用规则：

位于较低目录级别中的配置文件所包含的规则优先于位于较高目录级别中的规则。系统通过构建 URL 的所有规则合并列表，结合离列表起始处最近的规则（在分级结构中最靠近的）来确定优先的规则。

如果给定了针对 URL 的一组合并规则，系统将从列表起始处开始检查规则，直到发现第一个匹配为止。需注意，ASP.NET 的默认配置包含授权所有用户的<allow users="*">元素。如果没有发现匹配的规则，就会允许该请求（除非该请求因其他情况而遭拒绝）。如果发现了匹配且该匹配是<deny>元素，它就会返回 401 状态代码。应用程序或站点在其顶层可以很容易地配置<deny users="*">元素来禁止该行为。

如果<allow>匹配，模块将不做任何处理，而是让该请求继续进行。

还可以使用<location>标记来指定某个特定文件或目录，该标记（在<location>和</location>标记之间）包括的设置要应用于该特定文件或目录。

9.6　Membership 扩展

由于 Membership Framework 提供的用户账号信息管理功能只具备基本的能力，常常不能满足实际应用系统对用户账号信息管理的要求，因此，实际使用时，一般需要对此进行一定的扩展。

东升客户关系管理系统中，对于员工的信息，需要在 Membership Framework 的基础上添加员工身份证号码、电话号码、家庭住址等扩展信息。本节即完成此功能要求。

要管理员工的扩展信息，有以下多种方法实现：

① 直接把扩展信息作为字段添加到记录。但这修改了 Membership 原有模式，一旦新版本的 SqlMembershipProvider 修订，则可能对系统产生影响，所以不推荐使用。

② 使用 ASP.NET 的个性化框架（Profile Framework）。这也依赖于 SqlMembershipProvider，所以不推荐使用。

③ 把扩展信息对应的列添加到专门设计的新表中。这种方法需要更多的开发工作量，但相对独立，可维护性更高。东升客户关系管理系统将采用这种方法实现。

以下将分三个步骤实现。

1. 创建扩展信息表

在 DsCrmSecond 数据库中创建表 UsersInfo 用于管理员工账号的扩展信息，表结构如图 9-6 所示。其中，主键列 UserId 同时也是外键，引用 Aspnet_Users 中的主键列 UserId，实现一对一的关系。

列名	数据类型	允许 Null 值
UserId	uniqueidentifier	☐
UserIDCard	nvarchar(20)	☐
Telephone	nvarchar(20)	☑
Address	nvarchar(400)	☑
		☐

图 9-6　员工账号扩展信息表

2. 实现创建员工界面

为了收集用户输入的员工账号扩展信息，必须设置相应的界面。创建员工账户页面需要完成员工基本账户信息的输入和角色设定并保存信息，打开“解决方案资源管理器”中的目录文件夹“CRM\EmployeeManage”，添加一个新的使用母板页的 Web 窗体“CreateEmployee.aspx”，设计完成页面如图 9-7 所示。

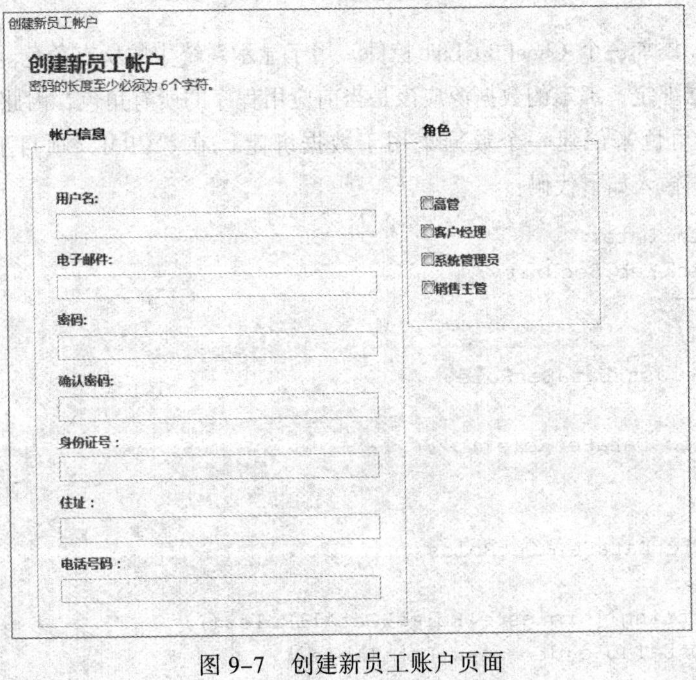

图 9-7　创建新员工账户页面

在创建的新页面中，添加 CreateUserWizard 控件，设置其 ID 为 RegisterUser，此控件为向导控件，由"注册新账户"和"完成"两个步骤组成向导过程。为了在填写员工账户基本信息的同时填写其扩展信息，编辑"注册新账户"步骤的模板。单击"CreateUserWizard 任务"按钮，选择"编辑模板"，进入模板编辑模式，选择"注册新账户"下的"ContentTemplate"，按照图 9-8 所示对内容进行编辑，包括两个部分：账户信息和角色编辑。

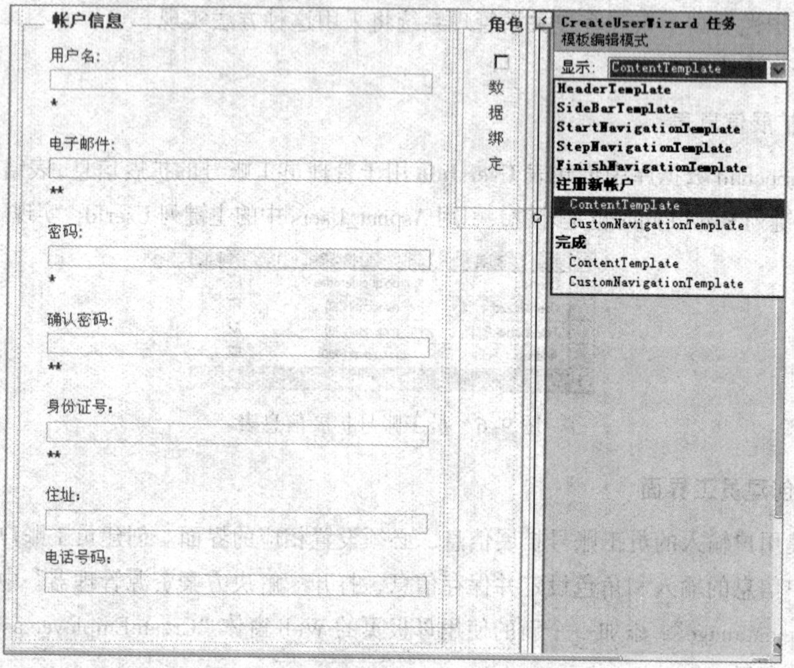

图 9-8 "创建员工账户"设计页面

编辑模板时，添加一个 CheckBoxList 控件，用于显示系统中的所有角色。CheckBoxList 控件需要进行角色数据绑定，绑定的数据源应该是当前应用程序的所有角色，因此需要编写一个类文件获取当前所有角色来创建一个数据集用于数据绑定。在"CRM"项目下添加一个类文件"DataSetRole.cs"，输入如下代码：

```
using System.Data;
using System.Web.Security;
namespace CRM
{
    public class DataSetRole
    {
        public DataSetRole()
        {
        }
        public DataSet GetRoles()
        {
            string[] roles = Roles.GetAllRoles();
            DataTable dt = new DataTable();
```

```
dt.Columns.Add(new DataColumn("RoleName",
    System.Type.GetType("System.String")));
for(int i = 0; i < roles.Length; i++)
{
    DataRow row = dt.NewRow();
    row[0] = roles[i].Trim();
    dt.Rows.Add(row);
}
DataSet ds = new DataSet();
ds.Tables.Add(dt);
return ds;
    }
  }
}
```

编写完毕后重新编译"CRM"项目,然后在页面上添加一个对象数据源控件"ObjectDataSource",设置控件 ID 为"srcRoles",选择"ObjectDataSource 任务"菜单的"配置数据源"命令,如图 9-9 所示。

图 9-9 添加数据源控件

弹出"配置数据源"对话框,选择业务对象为"CRM.DataSetRole",如图 9-10 所示。单击"下一步"按钮,进入"定义数据方法"步骤,选择"SELECT"选项卡,选择方法为"GetRoles(),返回 DataSet",如图 9-11 所示,最后单击"完成"按钮。

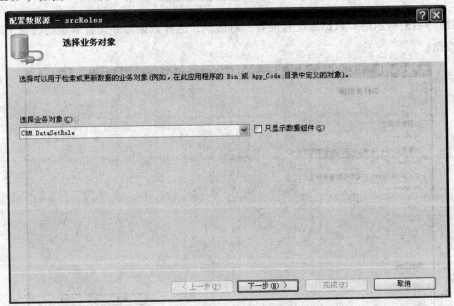

图 9-10 "配置数据源-srcRoles"对话框

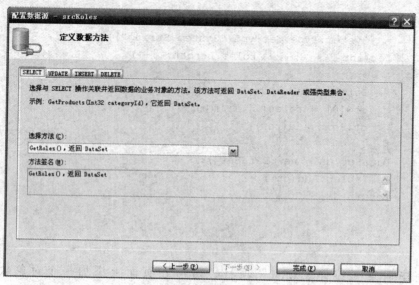

图 9-11 定义数据方法

数据源配置完成后回到页面设计,选中角色下面的"CheckBoxList"控件,选择"CheckBoxList 任务"菜单的"选择数据源"命令,如图 9-12 所示。

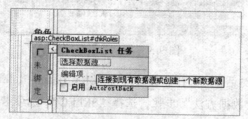

图 9-12 选择角色数据源

弹出图 9-13 所示的"数据源配置向导"对话框,选择数据源并设置绑定的数据字段,单击"确定"按钮。

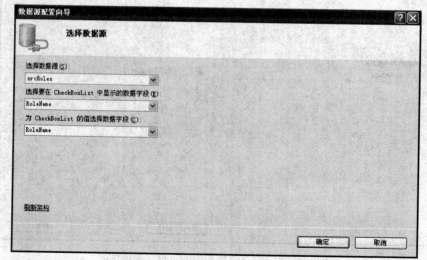

图 9-13 配置角色数据源和绑定字段

最后为"CreateUserWizard"控件添加"CreatedUser"事件处理程序，如图 9-14 所示。

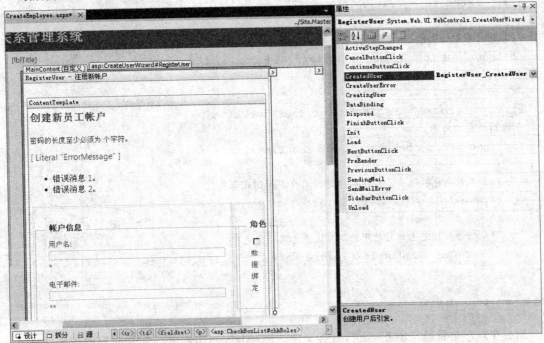

图 9-14 添加"CreatedUser"事件处理程序

创建新员工账户的事件处理方法 RegisterUser_CreatedUser 的代码如下：

```
protected void RegisterUser_CreatedUser(object sender, EventArgs e)
{
//根据刚创建账户对应的用户姓名，从数据库中读取对应用户账户对象
MembershipUser newUser = Membership.GetUser(RegisterUser.UserName);
//创建用户对应的 UserId 值
Guid newUserId = (Guid)newUser.ProviderUserKey;
//根据向导步骤的 ID 找到对应的向导步骤对象
CreateUserWizardStep RegisterStep = RegisterUser.FindControl(
"RegisterUserWizardStep") as CreateUserWizardStep;
//得到输入身份证号码的 TextBox 控件对象
TextBox txtIdCard = RegisterStep.ContentTemplateContainer.FindControl(
"IdCard") as TextBox;
//得到输入地址的 TextBox 控件对象
TextBox txtAddress = RegisterStep.ContentTemplateContainer.FindControl
("Address")
 as TextBox;
//得到输入电话号码的 TextBox 控件对象
TextBox txtTelephone = RegisterStep.ContentTemplateContainer.FindControl(
"Telephone") as TextBox;

//创建对应账户扩展信息记录并存储到数据库
```

```
new UsersInfoService().AddUserInfo(newUserId, txtIdCard.Text, txtTelephone.
Text, txtAddress.Text);

//找到向导中的角色CheckBoxList控件
CheckBoxList chkRoles = RegisterStep.ContentTemplateContainer.FindControl
("chkRoles") as CheckBoxList;

string userName = RegisterUser.UserName.Trim();
//遍历所有的角色
for (int i=0;i<chkRoles.Items.Count;i++)
{
    //如果此角色被选中，则把新创建的用户添加到此角色
    if (chkRoles.Items[i].Selected == true)
    {
        //添加指定用户名的用户到指定角色名的角色中
        Roles.AddUserToRole(userName, chkRoles.Items[i].Value);
    }
}
```

然后在程序集目录"BLL"下打开类文件"UsersInfoService.cs"，添加对应的逻辑处理方法AddUserInfo()，该方法实现代码如下：

```
public bool AddUserInfo(Guid userId, string idCard, string telephone, string address)
{
    return new UsersInfoRepository().Insert(userId, idCard, telephone, address);
}
```

最后在程序集目录"DAL"下打开类文件"UsersInfoRepository.cs"，添加一个方法 Insert()用于添加用户信息。该方法实现代码如下：

```
public bool Insert(Guid userId, string idCard, string telephone, string address)
{
    SqlCommand cmd = new SqlCommand("UsersInfo_Insert", this.Connection);
    cmd.CommandType = CommandType.StoredProcedure;
    SqlParameter prmUserId = new SqlParameter();
    prmUserId.ParameterName = "@UserId";
    prmUserId.DbType = DbType.Guid;
    prmUserId.Value = userId;
    cmd.Parameters.Add(prmUserId);
    SqlParameter prmIDCard = new SqlParameter("@UserIdCard", idCard.Trim());
    cmd.Parameters.Add(prmIDCard);
    SqlParameter prmTelephone = new SqlParameter("@Telephone",
      telephone.Trim());
```

```
cmd.Parameters.Add(prmTelephone);
SqlParameter prmAddress = new SqlParameter("@Address", address.Trim());
cmd.Parameters.Add(prmAddress);
bool isSucceed = false;
try
{
    this.Connection.Open();
    cmd.ExecuteNonQuery();
    isSucceed=true;
}
catch(Exception ex)
{
    isSucceed=false;
    //throw;
}
finally
{
    this.Connection.Close();
}
return isSucceed;
}
```

3. 实现员工列表界面

在文件夹 EmployeeManage 中创建员工列表页面 EmployeeList.aspx，运行效果如图 9-15 所示。

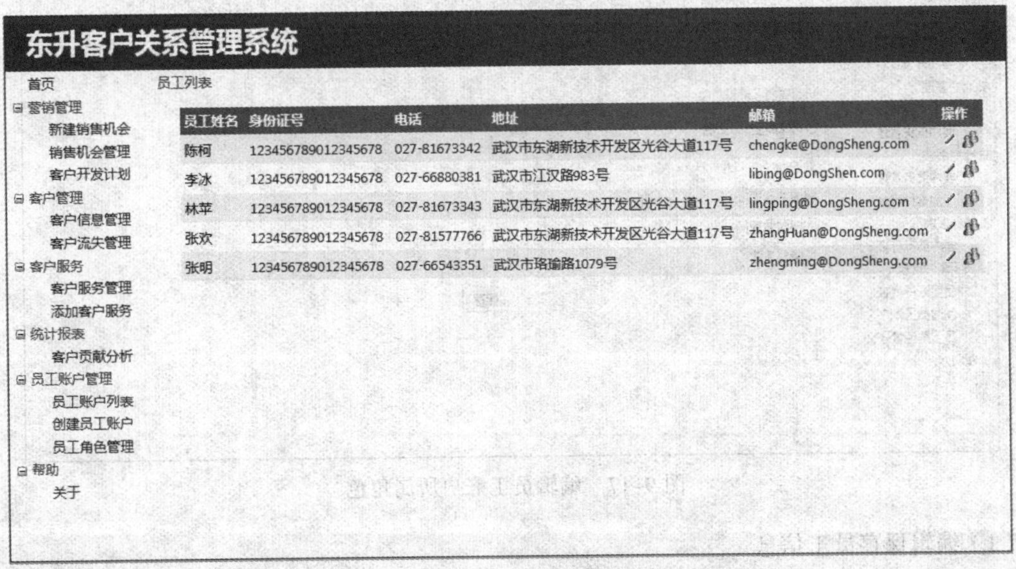

图 9-15 员工列表页面

单击操作列中左侧的编辑按钮（铅笔图标），跳转到 EditEmployeeInfo.aspx 页面，进行选定员工扩展信息的编辑，如图 9-16 所示。

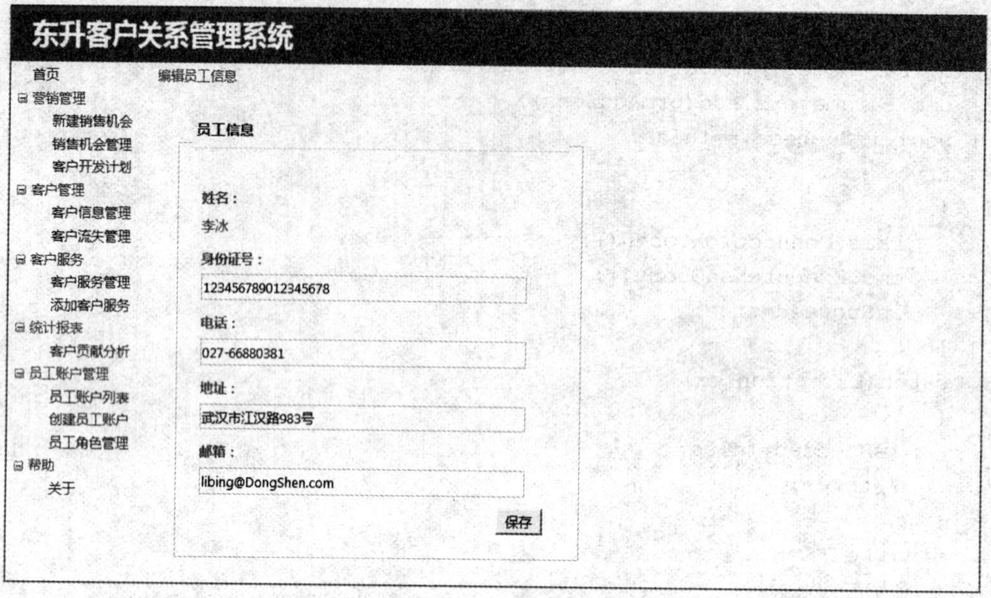

图 9-16 编辑员工账户扩展信息

单击操作列中右侧的编辑角色按钮（人形图标），跳转到 EmployeeRoleManagement.aspx 页面，进行选定员工所属角色的编辑，如图 9-17 所示。

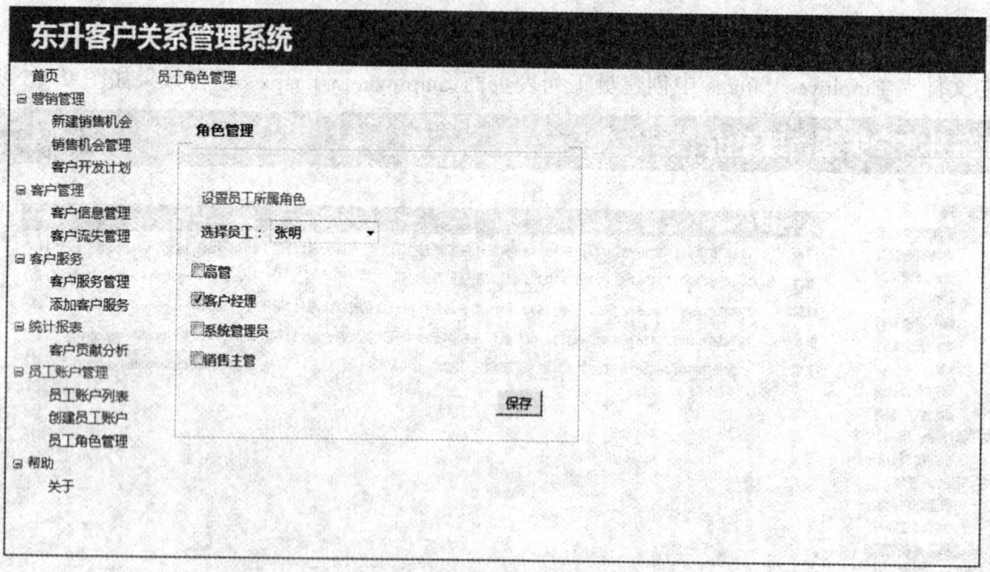

图 9-17 编辑员工账户所属角色

（1）编辑保存员工信息

打开"解决方案资源管理器"，在程序集目录"DAL"下添加一个用于对应用程序信息（对应 aspnet_Applications 表）的访问操作类文件 "ApplicationInfoRepository.cs" 在该类中添加 GetApplicationIdByApplicationName()方法获取应用程序的 ID。

程序集目录"DAL"下的另一个类 UsersInfoRepository 是使用 ADO.NET 进行数据库访问的

专门类，完成针对用户信息（对应 UserInfo 表）数据的所有访问操作。在该类中依次添加 GetAll()
方法读取所有用户账号信息、GetUserInfoByUserId()方法获取指定 ID 用户的所有信息、Update()
方法更新用户信息。

接着在程序集目录"BLL"下添加一个类文件"ApplicationInfoService.cs"，首先在
"ApplicationInfoService.cs"和"UsersInfoService.cs"类文件中导入需要用到的命名空间，代码如下：

```
using System.Data;
using System.Data.SqlClient;
using DAL;
```

在类 ApplicationInfoService 中添加 GetApplicationId ()方法，代码如下：

```
public Guid GetApplicationId(string name)
{
    return new ApplicationInfoRepository().GetApplicationIdByApplicationName(name);
}
```

在类 UsersInfoService 中添加 GetUserInfoByUserId()方法、UpdateUserInfo()方法，代码如下：

```
/// <summary>
/// 获取指定 ID 用户的所有信息
/// </summary>
/// <param name="userId">用户 ID</param>
/// <returns></returns>
public DataTable GetUserInfoByUserId(string userId)
{
    return new UsersInfoRepository().GetUserInfoByUserId(userId);
}

/// <summary>
/// 更新用户信息
/// </summary>
public bool UpdateUserInfo(string applicationName, Guid userId, string email,
string idCard, string telephone, string address)
{
    Guid applictionId = new ApplicationInfoService().GetApplicationId
        (applicationName);
    return new UsersInfoRepository().Update(applictionId, userId, email,
        idCard, telephone, address);
}
```

然后打开"CRM"项目目录下的"EmployeeManage\ EditEmployeeInfo.aspx.cs"文件，进入页
面后台功能代码设计，需要实现的事件处理程序包括页面加载指定员工信息 Page_Load()方法、"保
存"按钮的处理方法 btnSubmit_Click ()，代码如下：

```
protected void Page_Load(object sender, EventArgs e)
{
```

```csharp
        if(!IsPostBack)
        {
            ((SiteMaster)Master).PageTitle = this.Title.Trim();
            LoadEmployeeInfo();
        }
    }

    protected void LoadEmployeeInfo()
    {
        string employeeId = Request.QueryString["employeeId"];
        DataTable dtEmployee = new UsersInfoService().GetUserInfoByUserId
           (employeeId);
        if(dtEmployee!=null)
        {
            lblUserName.Text = Convert.ToString(dtEmployee.Rows[0]["UserName"]);
            txtAddress.Text = Convert.ToString(dtEmployee.Rows[0]["Address"]);
            txtEmail.Text = Convert.ToString(dtEmployee.Rows[0]["Email"]);
            txtTelephone.Text = Convert.ToString(dtEmployee.Rows[0]["Telephone"]);
            txtUserIdCard.Text = Convert.ToString(dtEmployee.Rows[0]["UserIDCard"]);
        }
    }

    protected void btnSubmit_Click(object sender, EventArgs e)
    {
        if(IsValid)
        {
            string employeeId = Request.QueryString["employeeId"];
            Guid id=new Guid(employeeId);
            if(new UsersInfoService().UpdateUserInfo(Membership.ApplicationName, id,
              txtEmail.Text.Trim(), txtUserIdCard.Text.Trim(), txtTelephone.Text.
              Trim(),
                txtAddress.Text.Trim()))
            {
                Response.Redirect("~/EmployeeManage/EmployeeList.aspx");
            }
            else
            {
                Response.Write("<script>alert('保存员工信息失败');</script>");
            }
        }
    }
```

（2）编辑用户角色

打开"CRM"项目目录下的"EmployeeManage\ EmployeeRoleManagement.aspx.cs"文件，进入页面后台功能代码设计，需要实现的事件处理程序包括页面加载 Page_Load()方法、在下拉列表框中加载员工信息 LoadEmployees()方法、在复选框列表中设置员工角色 UpdateRoleStatus()方法、员工账户下拉列表框的事件处理方法 ddlEmployees_SelectedIndexChanged()、角色复选框列表的数据绑定方法 chkRoles_DataBound()、"保存"按钮的事件处理方法 btnSubmit_Click()，代码如下：

```csharp
using System.Web.Security;
namespace CRM.EmployeeManage
{
    public partial class EmployeeRoleManagement : System.Web.UI.Page
    {
        protected void Page_Load(object sender, EventArgs e)
        {
            if(!IsPostBack)
            {
                ((SiteMaster)this.Master).PageTitle = this.Title;
                LoadEmployees();
            }
        }

        /// <summary>
        /// 在下拉列表框中加载员工信息
        /// </summary>
        protected void LoadEmployees()
        {
            this.ddlEmployees.DataSource = Membership.GetAllUsers();
            this.ddlEmployees.DataTextField = "UserName";
            this.ddlEmployees.DataValueField = "ProviderUserKey";
            this.ddlEmployees.DataBind();
            string editEmployeeId = Request.QueryString["employeeId"];
            if((editEmployeeId != null) && (editEmployeeId.Trim().Length > 0))
            {
                int employeeCount = ddlEmployees.Items.Count;
                for(int index = 0; index < employeeCount; index++)
                {
                    if(ddlEmployees.Items[index].Value.Trim().Equals
                      (editEmployeeId))
                    {
                        ddlEmployees.Items[index].Selected = true;
                        return;
                    }
```

```csharp
        }
    }
}

/// <summary>
/// 在复选框列表中设置员工角色
/// </summary>
protected void UpdateRoleStatus()
{
    string[] rolesOfCurrentUser =
    Roles.GetRolesForUser(ddlEmployees.SelectedItem.Text);
    for(int i = 0; i < chkRoles.Items.Count; i++)
    {
        if (rolesOfCurrentUser.Contains(chkRoles.Items[i].Text.Trim()))
        {
            chkRoles.Items[i].Selected = true;
        }
        else
        {
            chkRoles.Items[i].Selected = false;
        }
    }
}

protected void ddlEmployees_SelectedIndexChanged(object sender,
  EventArgs e)
{
    UpdateRoleStatus();
}

protected void chkRoles_DataBound(object sender, EventArgs e)
{
    UpdateRoleStatus();
}

protected void btnSubmit_Click(object sender, EventArgs e)
{
    List<string> addRoles = new List<string>();
    List<string> deleteRoles = new List<string>();

    string[] rolesOfCurrentUser =
      Roles.GetRolesForUser(ddlEmployees.SelectedItem.Text);
    for(int i = 0; i < chkRoles.Items.Count; i++)
    {
```

```
        //如果当前选中了此角色
        if(chkRoles.Items[i].Selected)
        {
            //如果员工原本就已属于此角色,直接跳过
            if(rolesOfCurrentUser.Contains(chkRoles.Items[i].Text.Trim()))
            {
                continue;
            }
            else//否则添加员工到此角色
            {
                addRoles.Add(chkRoles.Items[i].Text);
            }
        }
        else//如果当前未选中此角色
        {
            //如果员工原本属于此角色,把员工从此角色中移除
            if(rolesOfCurrentUser.Contains(chkRoles.Items[i].Text.Trim()))
            {
                deleteRoles.Add(chkRoles.Items[i].Text);
            }
            else//否则直接跳过
            {
                continue;
            }
        }
    }
    //执行添加操作
    if(addRoles.Count > 0)
    {
      Roles.AddUserToRoles(ddlEmployees.SelectedItem.Text, addRoles.
        ToArray());
    }
    //执行移除操作
    if (deleteRoles.Count > 0)
    {
      Roles.RemoveUserFromRoles(ddlEmployees.SelectedItem.Text,
        deleteRoles.ToArray());
    }
  }
 }
}
```

至此,员工账号管理功能已基本实现。

小　　结

本章讲解了 ASP.NET 应用程序中进行 Forms 身份验证与授权的框架及其应用技术，并通过案例完成了一个扩展的 Membership Framework 应用，通过此方法可以完成东升客户关系管理系统用户的身份验证与授权。

作　　业

描述登录选项卡中各控件的作用。

实训 9——设计并实现员工账户管理模块

实训目标

完成本实训后，能够：
① 设置和编辑网站用户、角色。
② 对用户账号信息进行扩展。

实训场景

东升客户关系管理系统采用成熟的基于角色的访问控制（RBAC）技术完成本系统的用户账号及权限管理。

系统中所有用户的员工账号必须包括：姓名、身份证号码、电话号码、家庭地址、电子邮箱、登录密码，且登录密码必须加密且加密不可逆。角色分为：高管、销售主管、客户经理、系统管理员四种。案例的实现只需要符合 RBAC 要求即可，界面风格与系统一致即可，不作更详细规定。

与本系统相关的角色分配和权限管理如下：
① 系统管理员：
管理系统用户、角色与权限，保证系统正常运行。
② 销售主管：
创建销售机会、对销售机会进行指派；对特定销售机会制订客户开发计划；对客户服务进行分配；分析客户贡献、客户构成、客户服务构成和客户流失数据，定期提交客户管理报告。
③ 客户经理：
创建销售机会、对特定销售机会制订客户开发计划、执行客户开发计划；维护负责的客户信息；接受客户服务请求，在系统中创建客户服务；处理分派给自己的客户服务；对处理的服务进行反馈；对负责的流失客户采取"暂缓流失"或"确定流失"的措施。
④ 高管：
审查客户贡献数据、客户构成数据、客户服务构成数据和客户流失数据。

实训步骤

1. 查看数据库
对照表 9-1～表 9-6，查看数据库中对应各表的结构，了解各字段的作用及表之间的相互关系。

2. 管理系统中的用户账号
创建系统角色，对系统中的现有用户和角色进行管理，熟悉用户账号与角色的使用功能。

3. 完成创建员工账号功能
在 EmployeeManage 文件夹中，创建 CreateEmployee.aspx 页面，以实现创建员工账号功能，员工账号创建时，需要同时添加员工的身份证号码、家庭地址、电话号码，并把员工添加到对应的角色中。

4. 完成员工所属角色管理功能
参考本章内容，完成 EmployeeRoleManagement.aspx 页面，实现员工所属角色的管理功能。

第 10 章　主题和外观——实现系统个性化

10.1　使用主题个性化网站外观

1. 网站个性化的好处

如今的网站、Web 应用程序越来越注重页面的外观和可操作性。一致的外观能给用户良好的印象，并能充分展示企业的形象和文化内涵。用户自定义外观也增强了程序的友好性。

2. 采用主题技术个性化网站外观

本章将通过案例展示的方式讲解 ASP.NET 应用程序中如何实现个性化的网站外观，主题属于 ASP.NET 的页面创作技术，完成本章学习，将能够：

- 了解 ASP.NET 个性化配置的要点。
- 掌握主题的使用方法。

10.2　设计主题和外观

1. 主题

主题是属性设置的集合，使用这些设置可以定义页面和控件的外观，然后在某个 Web 应用程序中的所有页、整个 Web 应用程序或服务器上的所有 Web 应用程序中一致地应用此外观。

主题由一组元素组成：外观、级联样式表（CSS）、图像和其他资源。主题将至少包含外观。主题是在网站或 Web 服务器上的特殊目录中定义的。

主题还可以包含级联样式表（.css 文件）。将 .css 文件放在主题文件夹中时，样式表自动作为主题的一部分加以应用。使用文件扩展名 .css 在主题文件夹中定义样式表。

主题也可以包含图形和其他资源，如脚本文件或声音文件等。例如，页面主题的一部分可能包括 TreeView 控件的外观，也可以在主题中包括用于表示展开按钮和折叠按钮的图形。

2. 外观

外观文件的扩展名为 .skin，它包含各个控件（如 Button、Label、TextBox 或 Calendar 控件）的属性设置。控件外观设置类似于控件标记本身，但只包含要作为主题的一部分来设置的属性。例如，Button 控件的控件外观设置如下：

```
<asp:button runat="server" BackColor="lightblue" ForeColor="black" />
```

在主题文件夹中创建 .skin 文件。一个 .skin 文件可以包含一个或多个控件类型的一个或多个控件外观。可以为每个控件在单独的文件中定义外观，也可以在一个文件中定义所有主题的外观。

有两种类型的控件外观："默认外观"和"已命名外观"。有时需要对同一种控件定义多种显示风格，此时可以在皮肤文件中，在控件显示的定义中用 SkinID 属性来区别。

当向页面应用主题时，默认外观自动应用于同一类型的所有控件。如果控件外观没有 SkinID 特性，则是默认外观。例如，如果为 Calendar 控件创建一个默认外观，则该控件外观适用于使用本主题的页面上的所有 Calendar 控件。（默认外观严格按控件类型来匹配，因此 Button 控件外观适用于所有 Button 控件，但不适用于 LinkButton 控件或从 Button 对象派生的控件。）

已命名外观是设置了 SkinID 属性的控件外观。已命名外观不会自动按类型应用于控件。而应当通过设置控件的 SkinID 属性将已命名外观显示应用于控件。通过创建已命名外观，可以为应用程序中同一控件的不同实例设置不同的外观。

对控件应用外观时，主题中定义的外观应用于已应用该主题的应用程序或页中的所有控件实例。在某些情况下，可能希望对单个控件应用一组特定属性。这可以通过创建命名外观（.skin 文件中设置了 SkinID 属性的一项），然后按 ID 将它应用于各个控件来实现。

对控件应用命名外观时，设置控件的 SkinID 属性，代码如下：

```
<asp:Calendar runat="server" ID="DatePicker" SkinID="SmallCalendar" />
```

如果页面主题不包括与 SkinID 属性匹配的控件外观，则控件使用该控件类型的默认外观。

3. 主题的应用范围

可以定义单个 Web 应用程序的主题，也可以定义供 Web 服务器上的所有应用程序使用的全局主题。定义主题之后，可以使用 @ Page 指令的 Theme 或 StyleSheetTheme 特性将该主题放置在各页面上；或者通过在应用程序配置文件中设置 <pages> 元素，将该主题应用于应用程序中的所有页。如果在 Machine.config 文件中定义了 <pages> 元素，主题将应用于服务器上 Web 应用程序中的所有页。

（1）页面主题

页面主题是一个主题文件夹，包含控件外观、样式表、图形文件和其他资源，该文件夹是作为网站中的 App_Themes 文件夹的子文件夹创建的。每个主题都是 App_Themes 文件夹的一个不同的子文件夹。

对单个页面应用主题时，将 @ Page 指令的 Theme 设置为要使用的主题的名称，代码如下：

```
<%@ Page Theme="ThemeName" %>
```

此时该主题及其对应的样式和外观仅应用于声明它的页。

（2）全局主题

全局主题是可以应用于服务器上的所有网站的主题。当需要维护同一个服务器上的多个网站时，可以使用全局主题定义域的整体外观。

全局主题与页面主题类似，因为它们都包括属性设置、样式表设置和图形。但是，全局主题存储在对 Web 服务器具有全局性质的名为 Themes 的文件夹中。服务器上的任何网站及任何网站中的任何页面都可以引用全局主题。

4．主题使用中的几个注意事项

主题使用中应注意以下五个方面：

① 不是所有的控件都支持使用主题和皮肤定义外貌，有的控件（如 LoginView，UserControl 等）不能用.skin 文件定义。

② 能够定义的控件也只能定义它们的外貌属性，其他行为属性（如 AutoPostBack 属性等）不能在这里定义。

③ 在同一个主题目录下，不管定义了多少个皮肤文件，系统都会自动将它们合并成为一个文件。

④ 项目中凡需要使用主题的网页，有两种设置方式：

一种是通过在程序中对 Page.Theme 进行赋值进行动态更改主题。需要注意的是，只能在 Page_PreInit 事件中对 Page.Theme 进行赋值。

另一种是在设计中，单击网页空白处，选择 DOCUMENT 对应的属性窗口，为 Theme 属性选择对应的主题。对应的源代码是在网页首行定义语句中增加 "Theme="主题目录"" 的属性，如<%@ Page Theme="Themes1"%>。

⑤ 在设计阶段，看不出皮肤文件中定义的作用，只有当程序运行时，在浏览器中才能够看到控件外观的变化。

5．应用主题和外观

通过主题技术，使得在一个页面上同一种控件显示两种不同的外观效果。

下面以日历控件为例，主要操作步骤如下：

① 新建一个 ASP.NET 空网站 ThemeSkinDemo。在"解决方案资源管理器"窗口内右击该网站目录，在弹出的快捷菜单中选择"添加 ASP.NET 文件夹"命令，在弹出的子菜单中选择"主题"命令，在网站的根目录下自动生成一个专用目录"App_Themes"，并在这个目录下新建了一个默认名为"主题 1"的子目录，即主题目录，给该主题目录重命名为"MyTheme"。

② 右击主题目录"MyTheme"，在弹出的快捷菜单中选择"添加"命令，在弹出的子菜单中选择"外观文件"命令，弹出"指定项名称"对话框，输入项名称"Label"，单击"确定"按钮，就会在主题目录下创建外观文件"Label.skin"用来定义 Label 控件的外观样式，同时在主工作区内将自动打开该外观文件以供编辑。接着在外观文件"Label.skin"输入以下代码：

```
<asp:label runat="server" font-bold="true" forecolor="orange" />
<asp:label runat="server" SkinID="Blue" font-bold="true" forecolor="blue" />
<asp:label runat="server" SkinID="Red" font-bold="true" forecolor="Red" />
```

③ 按照同样的方式添加外观文件"Calendar.skin"用来定义日历控件的外观样式，输入以下代码：

```
<asp:Calendar runat="server" BackColor="Beige" ForeColor="Brown" BorderWidth=
"3" BorderStyle="Solid" BorderColor="Black" Height="283px" Width="230px"
Font-Size="12pt" Font-Names="Tahoma,Arial" Font-Underline="false" CellSpacing=
2 CellPadding=2 ShowGridLines=true>
   <SelectedDayStyle BackColor="#CCCCFF" Font-Bold="True" />
```

```
    <SelectorStyle BackColor="#FFCC66" />
    <OtherMonthDayStyle ForeColor="#CC9966" />
    <TodayDayStyle BackColor="#FFCC66" ForeColor="White" />
    <NextPrevStyle Font-Size="9pt" ForeColor="#FFFFCC" />
    <DayHeaderStyle BackColor="#FFCC66" Font-Bold="True" Height="1px" />
    <TitleStyle BackColor="#990000" Font-Bold="True" Font-Size="9pt"
        ForeColor="#FFFFCC" />
</asp:Calendar>
<asp:Calendar SkinID="Simple" runat="server" BackColor="Beige" ForeColor=
"Brown" BorderWidth="3" BorderStyle="Solid" BorderColor="Black" Height= "283px"
    Width="230px" Font-Size="12pt" Font-Names="Tahoma,Arial"
    Font-Underline="false" CellSpacing=2 CellPadding=2 ShowGridLines=true>
    <SelectedDayStyle BackColor="#666666" Font-Bold="True" ForeColor="White" />
    <SelectorStyle BackColor="#CCCCCC" />
    <WeekendDayStyle BackColor="#FFFFCC" />
    <OtherMonthDayStyle ForeColor="#808080" />
    <TodayDayStyle BackColor="#CCCCCC" ForeColor="Black" />
    <NextPrevStyle VerticalAlign="Bottom" />
    <DayHeaderStyle BackColor="#CCCCCC" Font-Bold="True" Font-Size="7pt" />
    <TitleStyle BackColor="#999999" BorderColor="Black" Font-Bold="True" />
</asp:Calendar>
```

④ 在网站根目录下添加 Web 窗体"Default.aspx",在该页面上分别添加两个 Label 控件和两个 Calendar 日历控件。在该页面的@ Page 指令中设置主题为"MyTheme",代码如下:

```
<%@ Page Language="C#" AutoEventWireup="true" CodeFile="Default.aspx.cs"
Inherits="_Default" Theme="MyTheme" %>
```

⑤ 在页面中选择其中第二个 Label 控件,设置"SkinID"为"Red",再选择其中第二个 Calendar 控件,设置"SkinID"为"Simple"。设置完成后运行该页面,即看到图 10-1 所示的效果。

图 10-1 日历控件的两种不同外观效果

10.3 将主题应用于整个网站

可以对页或网站应用主题,或对全局应用主题。在网站级设置主题会对站点上的所有页和控件应用样式和外观,除非对个别页重写主题。在页面级设置主题会对该页及其所有控件应用样式和外观。

为了将主题文件应用于整个网站,可以在根目录下的 Web.config 中进行定义。在应用程序的 Web.config 文件中，将<pages>元素设置为全局主题或页面主题的主题名称，示例代码如下：

```
<configuration>
    <system.web>
        <pages theme="ThemeName" />
    </system.web>
</configuration>
```

Web.config 文件中的主题设置会应用于该应用程序中的所有 ASP.NET 网页。需注意，如果应用程序主题与全局应用程序主题同名，则页面主题优先。

例如，若要将第 10.2 节创建的"MyTheme"主题应用到网站 ThemeSkinDemo，则可以在 Web.config 文件中进行主题设置，代码如下：

```
<pages theme="MyTheme" />
```

小　　结

本章讲解了 ASP.NET 应用程序中如何定义主题与样式，如何进行各种要求的主题与样式的应用方法。

作　　业

描述主题与样式的类型及其特点。

实训 10——设计客户关系管理系统主题

实训目标

完成本实训后，能够统一整个系统的外观。

实训场景

东升客户关系管理系统需要有统一的外观，如果对各个页面进行分别设置不但工作量大，也不能方便地进行修改与调整，需要使用主题与样式技术来完成此功能。

实训步骤

1. 定义主题

为系统定义两个色彩主题"Blue"和"Orange"。

2. 定义外观

在两个主题下分别为"GridView"控件、"SiteMapPath"控件和验证控件定义外观文件，并为字体添加样式表。

3. 通过配置应用主题与外观

在 CRM 项目的根目录文件 Web.config 的<pages>标记中设置网站主题。

第 11 章 项目完善与整合——实现功能模块

11.1 客户开发管理模块

1. 制订开发计划

制订开发计划包括以下五项内容：

（1）业务概述

客户经理对分配给自己的销售机会制订开发计划。

（2）参与者

客户经理参与。

（3）前置条件

销售机会已被指派由客户经理进行开发。

（4）处理流程

在图 11-1 所示的客户开发管理界面中，被指派由当前用户开发的销售机会右侧会显示对应的"制订开发计划"按钮，对于当前用户非指派开发人员的销售机会右侧不显示"制订开发计划"按钮。单击此按钮，系统跳转到图 11-2 所示的客户制订开发计划界面。在客户制订开发计划界面中，可以根据需要添加开发工作计划，也可以删除已有的计划内容。

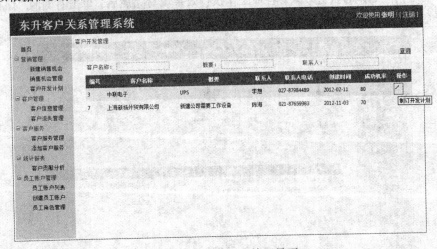

图 11-1 客户开发管理界面

图 11-2　制订开发计划界面

（5）输出要素

开发计划制订成功后，右下角显示"执行计划"按钮，准备开始执行开发计划。

2．执行开发计划

执行开发计划包括以下五项内容：

（1）业务概述

客户经理对已制订的销售机会开发计划，按计划执行开发，并记录开发结果。

（2）参与者

客户经理参与。

（3）前置条件

销售机会开发计划已制订。

（4）处理流程

在图 11-2 所示的制订开发计划界面中，单击右下角"执行计划"按钮，系统跳转到图 11-3 所示的执行开发计划界面，单击计划内容各项工作右侧的"执行"按钮，在图 11-4 所示的执行效果界面中填写相应工作的执行效果，各项工作执行效果填写完成后，单击右侧的"保存"按钮，保存相应信息。

图 11-3　执行开发计划界面

图 11-4 执行效果界面

（5）输出要素

开发计划执行后，对应计划工作的执行效果被记录到系统。

3. 开发成功

开发计划成功包括以下五项内容：

（1）业务概述

客户开发计划执行过程中或执行结束后，客户同意购买公司产品，已经下订单或者签订销售合同，则标志客户开发成功。客户经理需要修改销售机会的状态为"开发成功"，并自动创建对应的客户记录到系统。

（2）参与者

客户经理参与。

（3）前置条件

开发计划已执行，客户已下订单或签订销售合同。

（4）处理流程

进入图 11-4 所示开发计划执行效果界面中，单击右下角的"开发成功"按钮，系统更新销售机会状态，跳转到图 11-5 所示的开发结果界面。

（5）输出要素

开发成功后，更新销售机会状态并根据对应销售机会中的客户基本信息创建客户记录到系统中。

4. 开发失败

开发计划失败包括以下五项内容：

（1）业务概述

客户开发计划执行过程中或执行结束后，销售机会在确认客户的确没有采购需求，或不具备开发价值时可认为"开发失败",客户经理进行"开发失败"处理工作,销售机会开发被中止。

图 11-5　开发结果界面

(2) 参与者

客户经理参与。

(3) 前置条件

开发计划已执行,确认客户的确没有采购需求,或不具备开发价值。

(4) 处理流程

进入图 11-4 所示的开发计划执行效果界面中,单击右下角的"中止开发"按钮,系统更新销售机会状态,跳转到图 11-5 所示的开发结果界面。

(5) 输出要素

开发失败后,更新销售机会状态为终止开发。

11.2　客户管理模块

每个客户经理有责任维护自己负责的客户信息,在系统中,客户信息要得到充分的共享,发挥最大的价值。开发新客户的成本相对老客户而言较高,而且风险相对较大。因此需要对超过指定时间间隔没有购买公司产品的客户予以特殊关注,防止现有客户流失。

高管则需要对客户管理的各个环节及结果进行监督与检查,必要时直接参与相关用例的工作。

客户管理功能又包括客户信息管理与客户流失管理两个方面功能。

客户信息管理功能包括:编辑客户信息、管理客户联系人、管理客户活动、查看客户历史订单等功能。

客户流失管理功能包括:客户流失预警、挽留流失客户、确认客户流失等功能。

客户管理子用例图如图 11-6 所示。

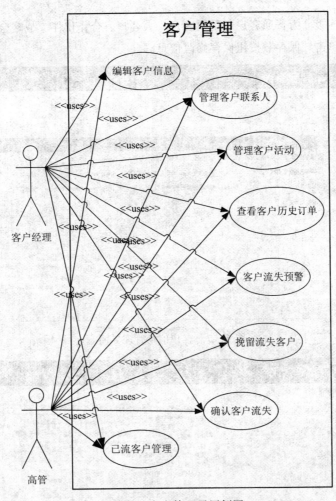

图 11-6 客户管理子用例图

1. 编辑客户信息

编辑客户信息包括以下五项内容：

（1）业务概述

客户账号创建后只有最基本的信息，不足以方便开展各项工作，需要编辑客户信息以管理更完备的信息。

（2）参与者

客户经理、高管参与。

（3）前置条件

客户账号已创建到系统中。

（4）处理流程

单击左侧导航栏中的"客户信息管理"链接，进入图 11-7 所示的客户信息管理界面，单击客户记录右侧的编辑按钮，跳转到图 11-8 所示的客户详细信息编辑界面。

其中，客户名称必须填写；客户满意度、客户信用度、注册资金、营业额的值必须是正数，但可以不填；客户等级分为普通客户、重要客户、大客户、合作伙伴、战略合作伙伴五类。

填写完成后，单击"保存"按钮保存修改信息。

图 11-7　客户信息管理界面

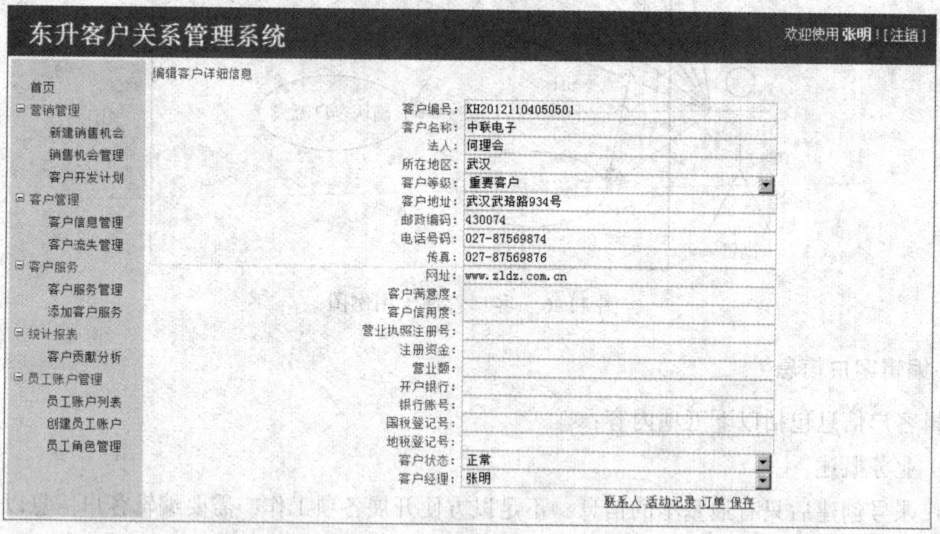

图 11-8　客户详细信息编辑界面

（5）输出要素

保存成功后，新的客户信息被更新到系统，但界面不变，以方便完成其他操作。

2. 管理客户联系人

管理客户联系人包括以下五项内容：

（1）业务概述

客户账号创建后，为方便与客户交互，需要尽可能掌握客户的各种联系人信息，以提高业务成功性。

（2）参与者

客户经理、高管参与。

（3）前置条件

客户账号已创建到系统中。

（4）处理流程

单击图11-8中所示的"联系人"按钮，跳转到图11-9所示的客户联系人列表界面。

填写好联系人信息后，单击"添加"按钮，则联系人信息添加到系统中，界面更新显示如图11-10所示。

在联系人列表中，可以单击联系人右侧的"删除"按钮，删除指定的联系人。

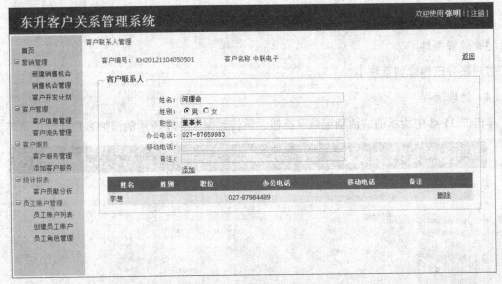

图11-9　添加客户联系人

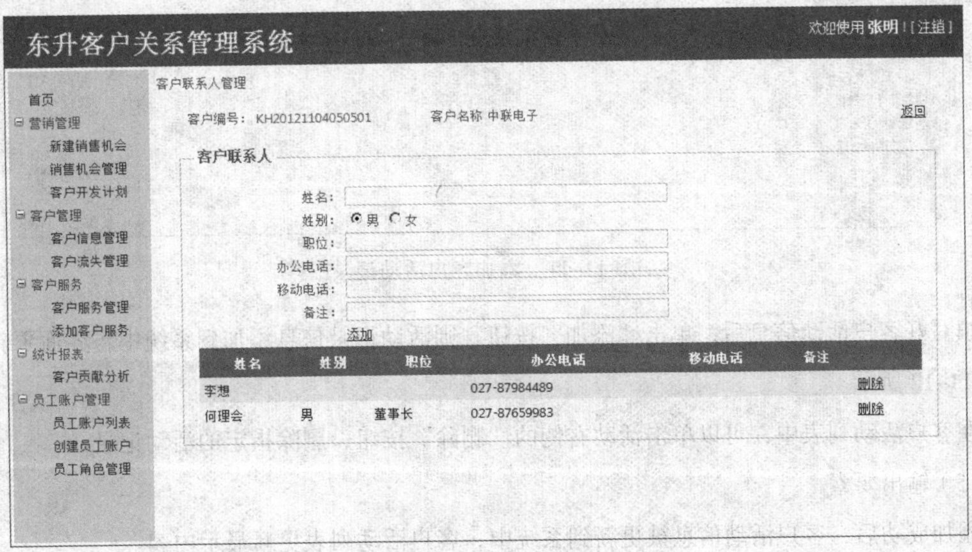

图11-10　客户联系人列表界面

（5）输出要素

添加成功后，客户联系人信息被更新到系统中，客户联系人列表更新显示内容。

3. 管理客户活动

管理客户活动包括以下五项内容：

（1）业务概述

与客户的交往活动可以为深入细致地了解客户提供基础信息，也可以为客户经理保持与客户之间的联系提供有力帮助，系统管理所有与客户的活动记录。

（2）参与者

客户经理、高管参与。

（3）前置条件

客户账号已创建到系统中。

（4）处理流程

单击图 11-8 中所示的"活动记录"按钮，跳转到图 11-11 所示的添加客户活动记录界面。

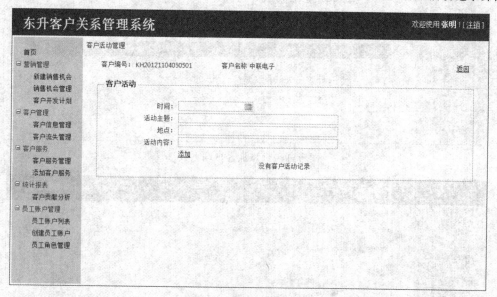

图 11-11　添加客户活动记录

填写好客户活动信息后，单击"添加"按钮，则活动记录信息添加到系统中，界面更新显示如图 11-12 所示。

在客户活动列表中，可以单击活动右侧的"删除"按钮，删除指定的活动记录。

（5）输出要素

添加成功后，客户活动信息被更新到系统中，客户活动列表更新显示内容。

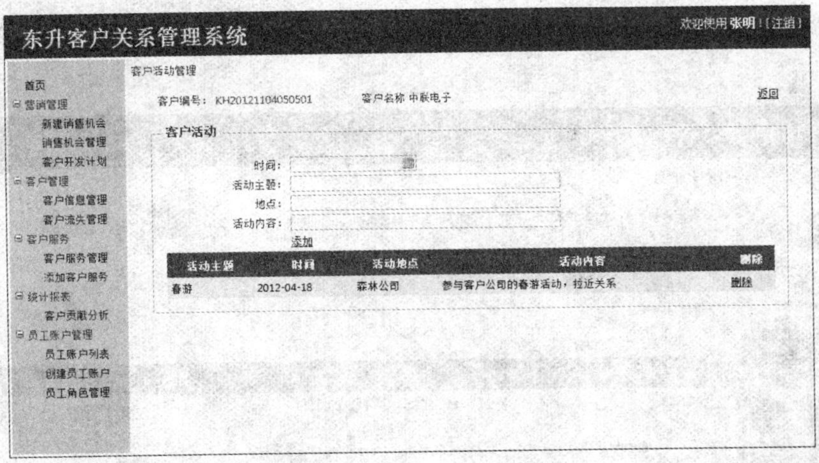

图 11-12 客户活动列表界面

4. 查看客户订单信息

查看客户订单信息包括以下五项内容：

（1）业务概述

客户的历史订单对于深入挖掘新的交易机会有重要作用，客户经理需要定期或不定期查看客户的订单信息。

由于客户的订单是由其他系统生成并管理的，本系统仅提供查看历史订单数据功能。

（2）参与者

客户经理、高管参与。

（3）前置条件

客户账号已创建到系统中，客户订单信息已添加到数据库中。

（4）处理流程

单击图 11-8 中所示的"订单"按钮，跳转到图 11-13 所示的客户历史订单列表界面，其中订单状态的显示内容与销售系统中的数据对应，本系统订单状态分为：未审核、已审核、捡货中、已发货、未回款、已回款等几种。

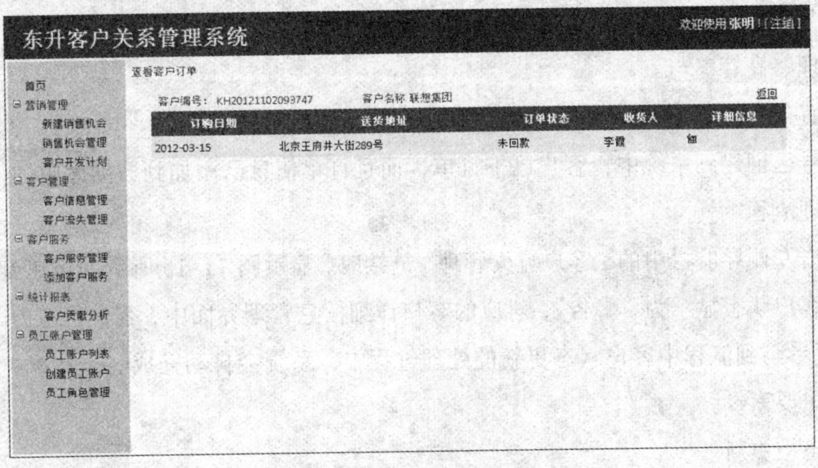

图 11-13 客户历史订单列表界面

单击需要查看详细信息的订单右侧的"详细信息"按钮，跳转到图11-14所示的订单详细信息界面。

图11-14 订单详细信息界面

（5）输出要素

无。

5．客户流失预警

客户流失预警包括以下五项内容：

（1）业务概述

对于长期（本系统设置为180天，在配置文件中设置）未再次采购公司产品的客户，需要客户经理进行联系与跟踪处理，以了解客户情况，更新客户状态。（对于客户状态的自动更新，本应由单独的服务程序完成，本例在客户流失管理页面加载时完成，但不推荐如此实现。）

（2）参与者

客户经理、高管参与。

（3）前置条件

客户账号已创建到系统中，客户已下订单，而且订单信息已添加到数据库中。

（4）处理流程

用户单击左侧导航栏中的"客户流失管理"链接时，显示图11-15所示的正在流失客户列表，正在流失的客户状态显示为"警告"，对应的客户详细信息管理界面中，客户状态为"正在流失"。（用户不需要参与到流程中客户状态更新的处理过程中，系统会自动完成。）

（5）输出要素

客户状态被更新。

第 11 章 项目完善与整合——实现功能模块

图 11-15 正在流失客户列表

6. 挽留流失客户

挽留流失客户包括以下五项内容：

（1）业务概述

对于正在流失状态（客户管理中显示为"警告"）的客户，客户经理首先必须针对客户特点制定挽留措施，并实施此计划，以挽留客户。

（2）参与者

客户经理、高管参与。

（3）前置条件

客户正处于流失状态。

（4）处理流程

用户单击图 11-15 中正在流失客户列表中客户右侧的"挽留客户"图形化按钮，系统跳转到图 11-16 所示的界面制定挽留客户的措施。

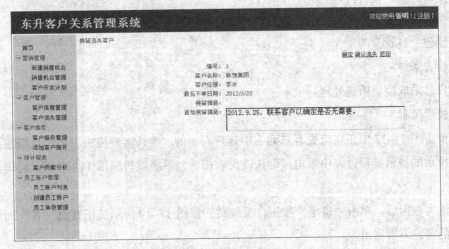

图 11-16 制定挽留措施

填写完成"追加挽留措施"后，单击"确定"按钮，系统记录措施内容，自动跳转回图 11-17 所示的正在流失客户列表，客户状态更新为"暂缓流失"。

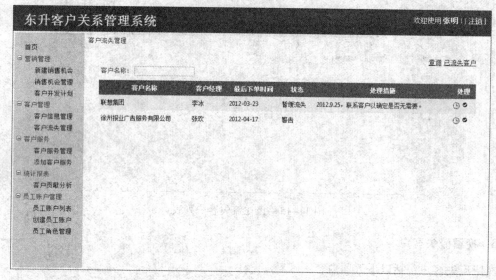

图 11-17　完成挽留措施，客户状态更新

此用例对于同一客户可以反复使用多次，每次的措施内容自动追加到原有措施后。

（5）输出要素

挽留措施保存到系统中，客户状态被更新。

7．确认客户流失

确认客户流失包括以下五项内容：

（1）业务概述

对于已采取挽留措施的客户，如果由于不可逆转的因素，客户不可能再购买本公司的产品，则确认该客户的流失。

（2）参与者

客户经理、高管参与。

（3）前置条件

对客户已采取挽留措施处理。

（4）处理流程

用户单击图 11-17 中正在流失客户列表中客户右侧的"确认客户流失"图形化按钮，或者在图 11-16 所示的挽留流程过程中单击"确认流失"按钮，系统跳转到图 11-18 所示的确认客户流失界面。

填写流失原因后，单击"确定"按钮，系统跳转回图 11-19 所示的正在流失客户列表，但已确定流失的客户不再列出。

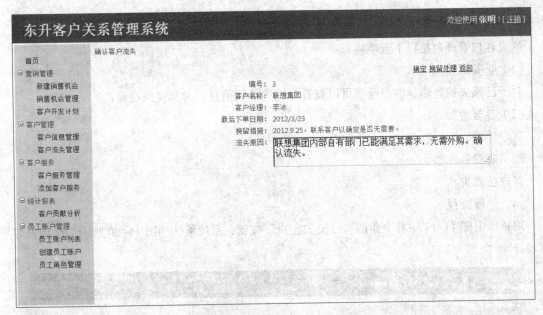

图 11-18　确认客户流失

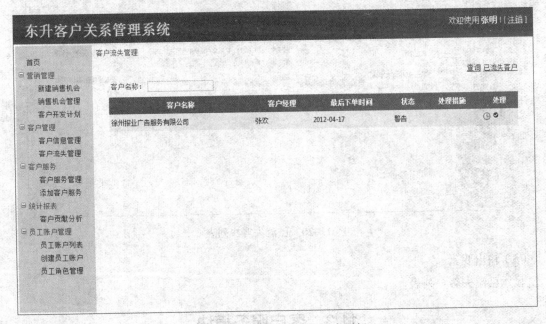

图 11-19　正在流失客户列表更新

客户记录状态被更新为"已流失"，也不再出现在图 11-7 所示的"客户信息管理"界面的客户列表中。

另外，在此过程中，可以单击"挽留处理"按钮，处理流程跳转到"挽留客户"工作流程。

（5）输出要素

客户状态被更新，客户列表被更新。

8. 流失客户管理

流失客户管理包括以下五项内容：

（1）业务概述

对于已流失的客户，客户经理可以查看其流失确认信息，为其提供经验。

（2）参与者

客户经理、高管参与。

（3）前置条件

客户已流失。

（4）处理流程

用户单击图 11-17 中右上角的"已流失客户"按钮，系统跳转到图 11-20 所示的已流失客户列表。

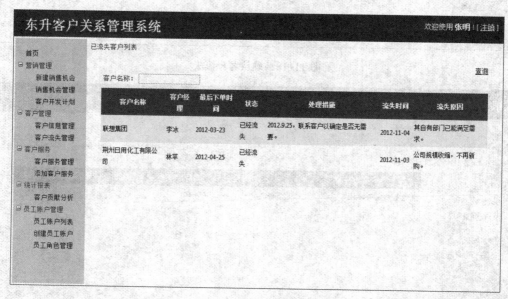

图 11-20　已流失客户列表

（5）输出要素

显示已流失客户列表。

11.3　客户服务模块

每个客户经理有责任为自己负责的客户提供尽可能好和必要的服务，在系统中，客户服务信息必须全部被保存及备查。

销售主管为提高客户经理的服务质量，也需要对服务内容进行监督与检查，必要时直接参与相关用例的工作。

客户服务子用例图如图 11-21 所示。

第 11 章 项目完善与整合——实现功能模块

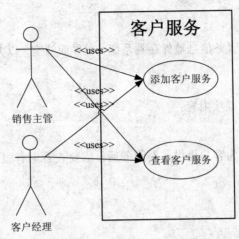

图 11-21　客户服务子用例图

1．添加客户服务

添加客户服务包括以下五项内容：

（1）业务概述

客户经理或销售主管在为客户提供各类服务后，把服务内容记录到系统，以备查看和作为工作记录。

（2）参与者

客户经理、销售主管参与。

（3）前置条件

客户账号已创建到系统中，并为客户提供了相关的服务。

（4）处理流程

单击左侧导航栏中的"添加客户服务"链接，进入图 11-22 所示的界面，填写相关信息后，单击"添加"按钮，系统添加相关服务记录，界面再次回到添加客户服务界面，以备添加新的服务内容。

其中，服务类型只能在咨询、建议、投诉中三选一。服务请求、服务概要、服务处理都不能为空。

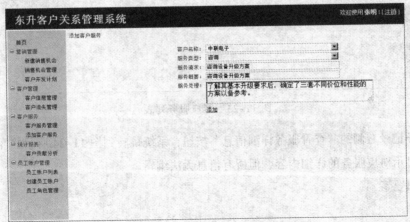

图 11-22　添加客户服务界面

（5）输出要素

保存成功后，新的客户服务信息被保存到系统，但界面清空，以方便再次完成添加服务操作。

2．查看服务管理

查看服务管理包括以下五项内容：

（1）业务概述

客户经理或销售主管在为客户提供各类服务后，需要查看原有服务内容，为新的主动服务提供参考。

（2）参与者

客户经理、销售主管参与。

（3）前置条件

客户服务已保存到系统。

（4）处理流程

单击左侧导航栏中的"客户服务管理"链接，进入图 11-23 所示的界面，分页列出已有服务记录。

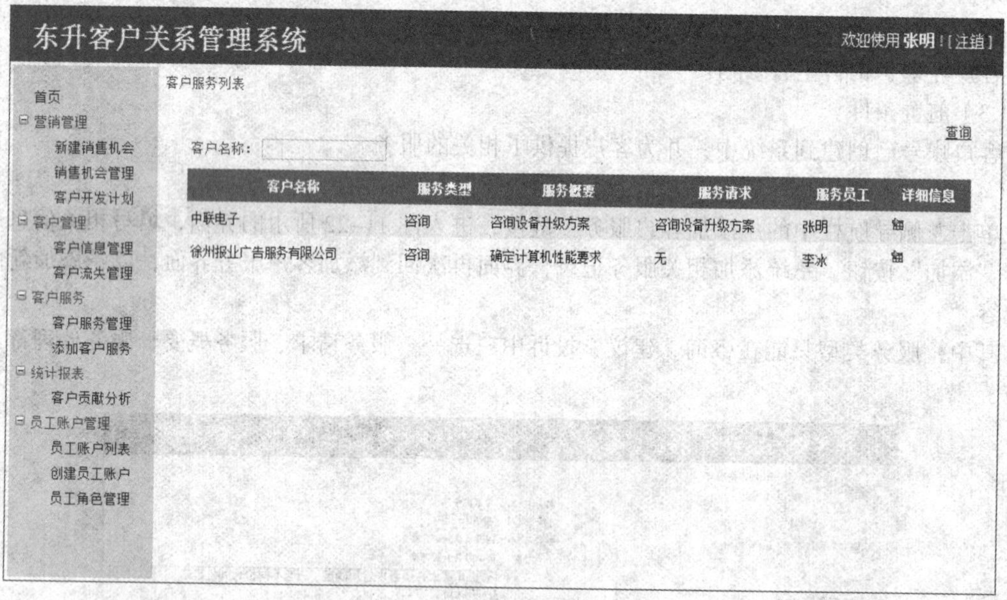

图 11-23　客户服务列表

单击服务记录右侧的"查看服务详细信息"按钮，系统跳转到图 11-24 所示的客户服务详细信息界面，显示对应服务的详细内容，但所有信息无法编辑。

（5）输出要素

无。

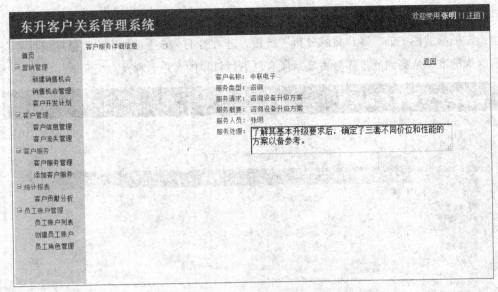

图 11-24　客户服务详细信息界面

11.4　统计报表模块

每个客户对公司的贡献都不一样，对于这些客户也应采取不同的支持力度。为提高公司的经营效益，必须对客户贡献度进行统计和排序。

统计报表子用例图如图 11-25 所示。

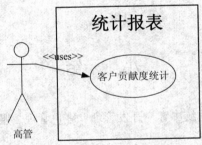

图 11-25　统计报表子用例图

统计报表包括以下五项内容：

（1）业务概述

高管以客户总交易额为标准查看所有客户对公司的贡献度，并按从高到低的方式排序列出统计信息，分页显示。

（2）参与者

销售主管参与。

（3）前置条件

客户账号已创建到系统中，并订购了公司商品。

（4）处理流程

单击左侧导航栏中的"客户贡献分析"链接，进入图11-26所示的客户贡献度统计界面，按总采购额为标准，从高到低排序分页显示所有已下过订单的客户名称及总采购额。

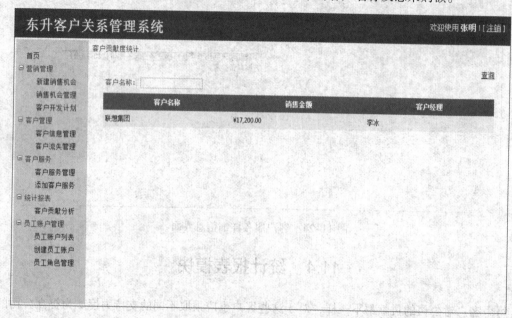

图11-26 客户贡献度统计排序

（5）输出要素

无。

小　结

本章讲解了客户关系管理系统中客户开发管理、客户管理、服务管理、统计报表等功能模块的开发。

作　业

描述各个模块功能。

实训11——实现各个功能模块

实训目标

完成本实训后，能够完成整个系统的实现。

实训场景

东升客户关系管理系统需要完成客户开发管理、客户管理、服务管理、统计报表等功能模块的开发。

实训步骤

1. 客户开发管理模块

客户开发计划功能包括：制订开发计划、执行开发计划、开发结果管理。

2. 客户管理模块

客户管理功能包括客户信息管理与客户流失管理两个方面功能。

3. 客户服务模块

客户服务功能包括添加客户服务和客户服务管理。

4. 统计报表模块

客户服务功能包括客户贡献度统计功能。

附录 A　东升客户关系管理系统项目要求

1. 概述

客户是公司最重要的资源,为了更好地发掘原有客户的价值,并开发更多新客户,东升信息技术有限公司决定开发客户关系管理系统,最终推向市场。要求通过这个系统完成对客户基本信息、联系人信息、交往信息、客户服务信息的充分共享和规范化管理;通过对销售机会、客户开发过程的追踪和记录,提高新客户的开发成功率;在客户将要流失时系统及时预警,以便销售人员及时采取措施,降低损失。要求系统提供相关报表,以便公司高层随时了解公司客户情况。

(1) 目的

本文档是东升信息技术有限公司在进行市场调研的基础上编制的。本文档的编写为下阶段的设计、开发提供依据,同时本文档也作为项目评审验收的依据之一。

(2) 范围

本系统包括:营销管理、客户管理、服务管理、统计报表和基础数据五个功能模块。还包括用于支持系统的权限管理模块。

2. 系统说明

(1) 概述

东升客户关系管理系统(以下称:客户关系管理系统)用于管理与客户相关的信息与活动。

(2) 用户与角色

与本系统相关的用户和角色有:

① 系统管理员

- 管理系统用户、角色与权限,保证系统正常运行。

② 销售主管

- 对客户服务进行分配。
- 创建销售机会。
- 对销售机会进行指派。
- 对特定销售机会制订客户开发计划。
- 分析客户贡献、客户构成、客户服务构成和客户流失数据,定期提交客户管理报告。

③ 客户经理

- 维护负责的客户信息。

- 接受客户服务请求，在系统中创建客户服务。
- 处理分派给自己的客户服务。
- 对处理的服务进行反馈。
- 创建销售机会。
- 对特定销售机会制订客户开发计划。
- 执行客户开发计划。
- 对负责的流失客户采取"暂缓流失"或"确定流失"的措施。

④ 高管
- 审查客户贡献数据、客户构成数据、客户服务构成数据和客户流失数据。

（3）系统功能

系统用例图如图 A-1 所示，子用例图及详细的用例描述见本书下载附件 "东升客户关系管理系统需求规格说明书.doc" 文档内容所述。

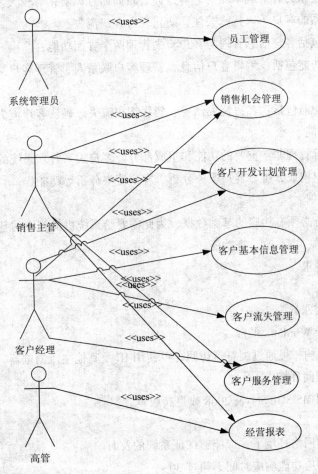

图 A-1　系统用例图

① 营销管理功能

营销的过程是开发新客户的过程，客户经理有开发新客户的任务，在客户经理发现销售机会时，应在系统中录入该销售机会的信息。销售主管也可以在系统中创建销售机会。所有的销售机会由销售主管进行分配，每个销售机会分配给一个客户经理。客户经理对分配给自己的销售机会制订客户开发计划，计划好分几步开发，以及每个步骤的时间和具体事项。制订完客户开发计划后，客户经理按实际执行功能填写计划中每个步骤的执行效果。在开发计划结束的时候，根据开发的结果不同，设置该销售机会为"开发失败"或"开发成功"。如果开发客户成功，系统自动创建新的客户记录。

营销管理包括销售机会管理与客户开发计划两个方面：

销售机会管理功能包括：创建销售机会、修改销售机会、删除销售机会、指派销售机会等。

客户开发计划功能包括：制订开发计划、执行开发计划、开发结果管理。

② 客户管理功能

每个客户经理有责任维护自己负责的客户信息，在系统中，客户信息要得到充分的共享，发挥最大的价值。开发新的客户成本相对老客户而言较高而且风险相对较大。因此需要对超过 6 个月没有购买公司产品的客户予以特殊关注，防止现有客户流失。

客户管理功能包括客户信息管理与客户流失管理两个方面功能：

客户信息管理功能包括：编辑客户信息、管理客户联系人、管理客户交往记录、查看客户历史订单等功能。

客户流失管理功能包括：客户流失预警、暂缓客户流失、确认客户流失等功能。

③ 经营报表功能

经营报表是经营管理非常重要的功能和组成部分，客户关系管理系统的经营报表主要包括：客户贡献分析、客户构成分析、客户服务分析、客户流失分析等功能。

④ 基础数据管理

系统的正常运行必须有相应的基础数据，为此需要给系统提供相应的基础数据管理功能，包括各类基础数据的增、删、改、查功能。

（4）非功能性需求

① 技术需求

• 软硬件环境需求：

系统应可运行于 Windows 平台。

系统采用 B/S 架构，可通过浏览器访问，可使用 IE 及其他主流浏览器。

系统运行于局域网环境中。

系统数据库使用 MS SQL Server 2008 或更高版本。

• 性能需求：

本系统在正常的网络环境下，应能够保证系统的及时响应：

统计报表模块相应功能响应时间不超过 30 s。

其他模块相应功能响应时间不超过 15 s。

• 安全保密需求：

本系统的系统架构，以及权限机制可以保证系统的安全性。

本系统采用 B/S 模型，服务器数据源与客户端分离，保证了数据的物理独立性。

用户授权机制通过角色的定义管理实现，通过定义某些角色能进行的操作权限，限定用户的操作权限，实现对用户的授权。

- 可维护性和可扩展性：

本系统的应用平台设计中选择 B/S 结构，采用基于.NET 技术，并采用三层结构，使系统具有良好的可维护性和可扩展性。

② 人机界面

系统界面风格如图 A-2 所示。

图 A-2　系统界面风格

附录 B　东升客户关系管理系统项目数据库说明

1. 概述

东升客户关系管理系统项目需要设计相应的数据库以管理系统所需数据，为减小系统开发难度，使读者集中注意力学习和训练 ASP.NET 4.0 Web 应用程序开发技术和技能，项目数据库随书下载资源提供，本文对数据库进行一定的说明。

2. 数据库关系图

数据库名称使用 DsCrmSecond，其主要库表的关系如图 B-1 所示。

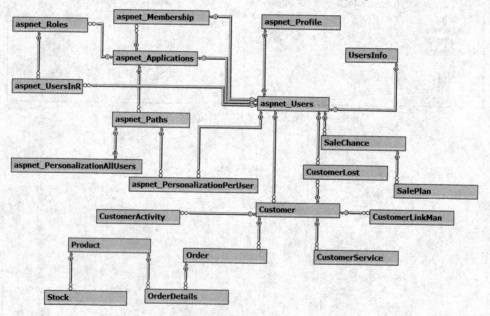

图 B-1　数据库关系图

其中，各库表的主要作用说明如表 B-1 所示。

表 B-1　库表说明

表　名	说　　明
UserInfo	系统用户账号的扩展信息表
Customer	客户表

续表

表 名	说 明
CustomerActivity	客户活动表
CustomerLinkMan	客户联系人信息表
CustomerLost	客户流失信息表
CustomerService	客户服务表
Order	订单表
OrderDetails	订单详细信息表
Product	产品信息表
SaleChance	销售机会表
SalePlan	销售计划表
Stock	库存信息表

其他还有多个以"aspnet_"名称开头的库表，是用于身份验证与授权的库表，在第 9 章进行介绍。

各个库表的字段作用，请参见数据库中库表对各字段的说明和描述。

参 考 文 献

[1] Imar Spaanjaars. ASP.NET 4.5.1 入门经典[M]. 8 版. 北京：清华大学出版社，2015.
[2] 徐会杰. ASP.NET 4.5 程序设计基础教程（C#版）[M]. 北京：电子工业出版社，2016.
[3] 耿超. ASP.NET 4.5 网站开发实例教程. [M]. 北京：清华大学出版社，2015.
[4] MATTHEW MACDONALD, ADAM FREEMAN, MARIO SZPUSZTA. 博思工作室，译 ASP.NET 4 高级程序设计（Pro ASP.NET 4 in C#2010. Fourth Edition）[M]. 4 版. 北京：人民邮电出版社，2011.
[5] STEPHEN WALTHER, KEVIN HOFFMAN, NATE DUDEK. ASP.NET 4 揭秘[M]. 北京：人民邮电出版社，2011.